快上手 LOVE Baking

爱心烘焙

主编/杨晓佩

重庆出版集团 重庆出版社

图书在版编目（CIP）数据

快上手爱心烘焙/杨晓佩主编.—重庆:重庆出版社,
2015.7
ISBN 978-7-229-10101-5

Ⅰ.①快…　Ⅱ.①杨…　Ⅲ.①烘焙-糕点加工
Ⅳ.①TS213.2

中国版本图书馆CIP数据核字(2015)第137061号

快上手爱心烘焙
KUAISHANGSHOU AIXIN HONGBEI
杨晓佩　主编

出 版 人：罗小卫
责任编辑：刘　喆　赵仲夏
特约编辑：朱小芳
责任校对：何建云
装帧设计：金版文化·郑欣媚

重庆出版集团
重庆出版社　出版
重庆市南岸区南滨路162号1幢　邮政编码：400061　http://www.cqph.com
深圳市雅佳图印刷有限公司印刷
重庆出版集团图书发行有限公司发行
E-MAIL:fxchu@cqph.com　邮购电话：023-61520646
全国新华书店经销

开本：720mm×1016mm　1/16　印张：15　字数：300千
2015年9月第1版　2015年9月第1次印刷
ISBN 978-7-229-10101-5
定价：29.80元

如有印装质量问题，请向本集团图书发行有限公司调换：023-61520678

丛书序

《汉书·郦食其传》中有云："民以食为天。"这是指人民以粮食为自己生活所系，说明了食物对老百姓的重要性。那时候的人们对食物的看重，在于其能果腹延续生命。

时至今日，在人民生活水平逐步提高的现代社会中，食物的意义也得到了升华。食物不仅是维系生命的必需品，更成了享受生活的重要途径之一。比起只为了填饱肚子而吃，吃得健康、吃得美味变得日益重要起来。

爱吃美食，自然少不了到处寻觅美味。品尝过的美味多了，对美食的要求自然也提高了，久而久之，对市面上越发雷同的菜肴也逐渐提不起食欲了。爱吃会吃的美食达人们为了让自己吃得更健康、更放心、更开心，开始自己动手在家研究制作美食，美食DIY的风气越发浓厚。而作为"吃货"的我也对制作美食产生了浓厚兴趣，并乐此不疲，时间长了，也总结出了不少独家美食心得。

为了与大家分享我的厨房秘诀，我编写了这套"小厨娘之最爱美食"丛书。这套丛书包括《快上手蔬果汁》《快上手爱心烘焙》《多彩豆浆健康喝》《五谷杂粮健康吃》四个分册。将蔬果汁、烘焙点心、豆浆、五谷杂粮等日常生活中常见的饮品和美食精选精编，制成方便易学的食谱，呈现给热爱美食、热爱生活的您。

此外，本套丛书还为每道美食配上专属二维码，可以直接点开链接，观看我烹制美食的高清视频。朋友们只需用手机扫一扫二维码，就能立即跟着我一起动手DIY属于自己的美食。这套将现代技术与传统图书集合一体的作品，能让大家的美食之旅变得更轻松快乐。

最后，祝愿每一位读到这套"小厨娘之最爱美食"丛书的朋友，都能在书中找到您想要的美味。不管您是热衷美食的"吃货"，还是想要提升厨艺的料理新手，希望我的心血和努力，能为您的生活增添一些清新、一些美好。

小厨娘　杨晓佩

序言

据考证，历史上第一个蛋糕出现在古罗马，之后便在欧洲广泛传播开来。随着小苏打、酵母、砂糖、酥油等材料的出现以及之后烤箱的问世，神秘的烘焙技艺渐趋日常，也慢慢走进寻常百姓家。直到今天，手握先人留下的纷繁多样的烘焙点心食谱，人们所思考的内容已不仅限于怎样烘焙，而是如何做出更独特的美食。由此，DIY风气盛行起来。

想要做出与众不同的烘焙点心，需先掌握基本的烘焙方法，再以此为基础，加入属于自己的独特创意，才能有意想不到的效果。于是，我将多年来的实践经验总结在本书中，希望能用这些实例为您学习烘焙增添助力。

在这本《小厨娘之最爱美食：快上手爱心烘焙》中，我将向您介绍153款烘焙点心，分别为40款手作饼干、41款香滑蛋糕、37款松软面包及35款甜品点心。这些点心有的是经典再现，有的则是升级创新。本书不仅包括基础工具、常用原料、材料准备等烘焙常识介绍，还将为您详细阐明蛋糕体、馅料、酱料的制作，以及每款烘焙美点的具体做法和注意事项。

为了让您能更快捷、更方便地学习，我特地将每一例食谱都配上二维码，只要用手机轻轻一扫，点开链接播放视频，就可以看到我为您亲手演示的烘焙视频，了解制作过程中的更多细节。

每一款烘焙点心都有自己的风格，就像人会追求只属于自己的独特，搭配不同了，其内涵也就不尽相同了。我将心意倾注在每一段烘焙配文中，让小小一篇食谱透过笔尖的点缀，变得生动活跃起来，让您的生活更有滋有味。

DIY个中乐趣，只有尝试过的人才能体会。简单也好，复杂也罢，每一次亲手的尝试，重要的往往不是看得见的材料，而是自己动手收获到的一份梦想中的味道。这是旁观者永远不能体会的美好，何为成长，唯有自己知晓。

小厨娘　杨晓佩

目 录

第一章
了解烘焙，巧妙变身烘焙达人

第二章 手作饼干，用心体验的生活惊喜

第三章
香滑蛋糕，休闲假日的随心甜品

第四章
松软面包，浪漫心意的浓情传递

第五章 甜品点心，来自午后的心情小点

第一章

了解烘焙，巧妙变身烘焙达人

色香味俱全的烘焙点心，

使人联想起生活的甜，体会到岁月的丰盈和浪漫。

若想品味这份精致，

用于烘焙制作的工具、材料、技巧十分重要。

本章主要为您介绍学习烘焙常用的工具和材料，

同时介绍相关的入门技巧和必须掌握的小窍门，

让您在制作过程中能够游刃有余。

基础工具

Basic Bakeware

工欲善其事，必先利其器
要做出美味可口的西点
必须懂得熟练运用这些工具
以下将为大家介绍制作西点时
需要用到的工具及其性能、作用

烤箱

烤箱常用于烤制点心，是一种密封的电器，同时也具备烘干的作用。

面包机

面包机能够根据设置的程序，在放入配料后自动和面、发酵、烘烤，制成各种面包。

电子秤

电子秤，又称为电子计量秤。适合在西点制作中用来称量粉类（如面粉、抹茶粉等）、细砂糖等需要准确称量的材料。

电子计时器

电子计时器是一种用来计算时间的仪器，种类较多。一般厨房用的电子计时器通常用于计算烘焙时间，以免出现误差。

擀面杖

擀面杖是一种用来压制面团、面皮的工具，多为木制，以香椿木制的为上品。擀面杖有很多种，长而大的适合用来擀面条，短而小的适合用来擀饺子皮、烧卖皮等。

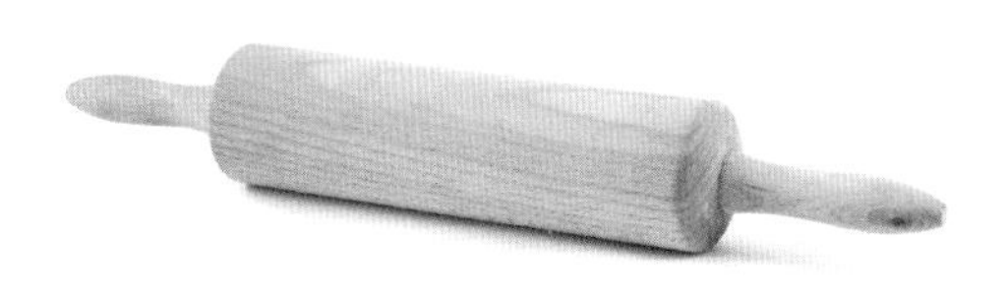

毛刷

毛刷的尺寸比较多，有1寸、1.5寸、2寸甚至5寸，主要用于面皮表面刷油脂，也用于在制好的蛋糕上刷蛋液。

刮板

刮板又称面铲板，是制作面团后刮净盆子或案板上剩余面团的工具，也可以用来切割面团及修整面团的四边。

分蛋器

分蛋器又称为蛋清分离器，有塑料和不锈钢两种材质，设计有一层镂空鸡蛋分离槽。它的主要作用是将蛋清和蛋黄分离。

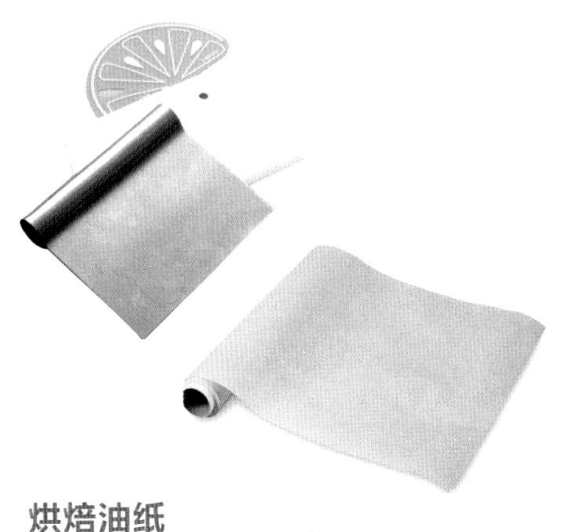

烘焙油纸

烘焙油纸主要在烤箱内烘烤食物时使用，垫在底部，防止食物粘在模具上，导致清洗困难。做饼干或蒸馒头时，都可以把它置于底部。

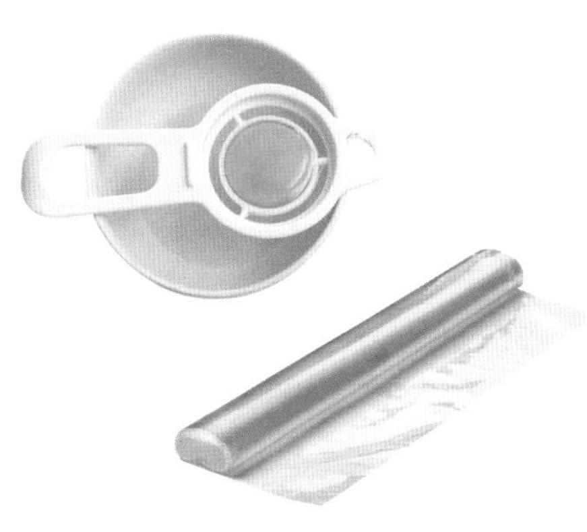

保鲜膜

保鲜膜是人们用来保鲜食物的一种塑料包装制品，可以在冰箱内用来保鲜切好后的水果、蔬菜以及其他各种食物。

温度计

温度计是测量温度的仪器的总称。厨房所用的是食品温度计，一般用针式探头测量馅饼、面团等食品的温度。

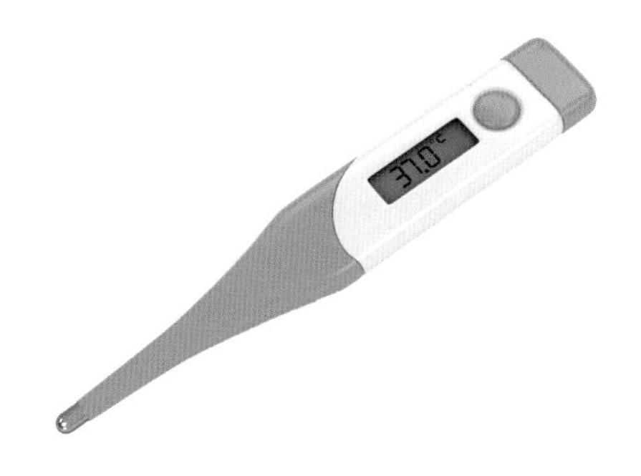

量杯

量杯壁上一般有容量标示，可用来量取食材，如水、奶油等。但要注意读数时的刻度，量取时还要选择适合的量程。

电动搅拌器

电动搅拌器包含一个电机身，配有打蛋头和搅面棒两种搅拌头。电动搅拌器可以使搅拌工作更加快速，并使材料搅拌得更加均匀。

量匙

量匙通常为金属或不锈钢材质，是圆状带有小柄的浅勺，主要用来盛液体或者细碎的食材，如细砂糖、酵母粉等。

面粉筛

面粉筛是用来过滤面粉的烘焙工具，底部为漏网状，一般在做蛋糕或饼类时用到，可过滤掉面粉中的杂质，使做出来的蛋糕更松软。

手动打蛋器

手动打蛋器通常为不锈钢材质，可以用来打发蛋白、黄油等，制作简易小蛋糕，但使用较费时费力。

圆形活动蛋糕模

圆形活动蛋糕模主要在制作戚风、海绵蛋糕时使用，比较方便脱模。规格通常有6寸或8寸。

布丁模

布丁模一般是由陶瓷、玻璃制成的杯状模具，形状各异，可用来DIY酸奶、做布丁等多种小点心，小巧耐看，耐高温。

蛋挞模

蛋挞模，主要用于制作普通蛋挞或葡式蛋挞。一般选择铝模，压制效果较好，烤出来的蛋挞口感也较好。

饼干模

饼干模有多种款式，规格有6个、8个、10个、12个一组，主要用于制作饼干或各种水果酥。

吐司模

吐司模，顾名思义，主要用于制作吐司。为了方便，可以在选购时购买金色不粘的吐司模，不需要涂油防粘。

披萨盘

披萨盘通常为铝合金、铁等材质制成。用途一般为烤制高筋面粉、酵母、黄油、比萨酱、奶酪和培根等原料制成的披萨坯。

常用原料
Baking Materials

食物是大自然的馈赠
懂得巧用就能让其发挥独特的魅力
在烘焙过程中
需要用到各色材料
包括粉类、油脂类、糖类
这些材料使点心拥有丰盈诱惑的外表
和松软美味的口感

高筋面粉

高筋面粉的蛋白质含量一般在12.5%～13.5%，色泽偏黄，颗粒较粗，不容易结块，较易产生筋性，适合用来制作面包、松饼等。

低筋面粉

低筋面粉的蛋白质含量约8.5%，色泽偏白，颗粒较细，容易结块，适合制作蛋糕、饼干等。

中筋面粉

中筋面粉即普通面粉，蛋白质含量为8.5%～12.5%，颜色乳白，介于高、低粉之间， 粉质半松散，多用在中式点心制作上。

芝士粉

芝士粉为黄色粉末状，有浓烈奶香味，多用来制作面包、饼干等，有增加风味的作用。

酵母

酵母是一种微小的单细胞生物，能够把糖发酵成酒精和二氧化碳，属于比较天然的发酵剂，能够使面包等味道更纯正、浓厚。

红糖

红糖又叫做黑糖，具有浓郁的焦香味。因为红糖容易结块，所以使用前要先过筛或者用水溶化。

黄油

黄油又叫乳脂、白脱油，是将牛奶中的稀奶油分离出之后，使其成熟并经搅拌而成的。黄油应该置于冰箱存放。

细砂糖

细砂糖是经过提取和加工以后结晶颗粒较小的糖。在烘焙中比较常用。

蜂蜜

蜂蜜的主要成分有葡萄糖、果糖、氨基酸等，还有各种维生素和矿物质元素。蜂蜜作为一种天然健康的食品，常用于制作面包。

白奶油

白奶油是将牛奶中的脂肪成分经过浓缩而得到的半固体产品，色白，奶香浓郁，脂肪含量较黄油低，可用来涂抹面包或制作蛋糕。

动物淡奶油

又叫做淡奶油，由牛奶提炼而出，本身不含糖分，呈白色牛奶状，但比牛奶更为浓稠。在打发前需在冰箱中冷藏8小时以上。

植物鲜奶油

植物鲜奶油，也叫做人造鲜奶油，大多数含有糖分，白色呈牛奶状，同样比牛奶浓稠。通常用于打发后装饰在糕点上。

片状酥油

片状酥油是一种浓缩的淡味奶酪，由水乳制成，色泽微黄，在制作时需刨成丝，高温烘烤后就会化开。

白巧克力

白巧克力是由可可脂、糖、牛奶以及香料制成，是一种不含可可粉的巧克力，但含较多乳制品和糖份。可用于制作西式甜点。

黑巧克力

黑巧克力是由可可液块、可可脂、糖和香精制成的，主要原料是可可豆。黑巧克力常用于制作蛋糕。

巧克力酱

巧克力酱即巧克力味的糖酱，是由牛奶、糖浆、可可混合制成的，常用作蛋糕、面包等表面的淋酱。

红豆

深红色，颗粒状，一般超市有售，可用来制作蛋糕、面包等点心。红豆有润肤养颜的作用，尤为受到女性朋友们欢迎。

葡萄干

葡萄干是由葡萄晒干加工而成，味道鲜甜，不仅可以直接食用，还可以把葡萄干放在糕点中加工成食品供人品尝。

桂圆干

桂圆干，又叫龙眼干，带核时呈圆球形，果肉呈黑褐色，口感清甜。桂圆干有安神定志、补气益血之效，尤其适合女性食用。

核桃仁

核桃仁口感略甜，带有浓郁的香气，是巧克力点心的最佳伴侣。烘烤点心前先用低温将核桃仁单独烘烤5分钟直至溢出香气，再加入面团中，会使点心更加美味。

杏仁

杏仁为蔷薇科植物杏的种子，分为甜杏仁和苦杏仁。选购时以色泽棕黄、颗粒均匀、无臭味者为佳，青色、表面有干涩皱纹的则为次品。

果酱

果酱由水果、糖以及酸度调节剂混合制造而成，一般经过100℃左右温度的熬制直到变成凝胶状。可将制好的果酱直接涂在面包上。

材料打发 Creaming Methods

烘焙的关键在于精细
在于对每种成分
以及每一步骤的把握
想要制作美味的西点
就必须付出一分认真收获一分美味
下面为大家介绍
几种主要材料的打发方法

蛋白的打发

◉ 原料 *Ingredients*

蛋白100克，细砂糖70克

◉ 做法 *Directions*

1. 取一个容器，倒入备好的蛋白、细砂糖。
2. 用电动搅拌器，用中速打发4分钟，使其完全混合。
3. 打发片刻至材料完全呈现乳白色膏状即可。

制作要点 *Tips*

打发蛋白尽量一气呵成，中途不要出现长时间的中断。另外，要是喜欢厚实的质感，可晚点放糖。

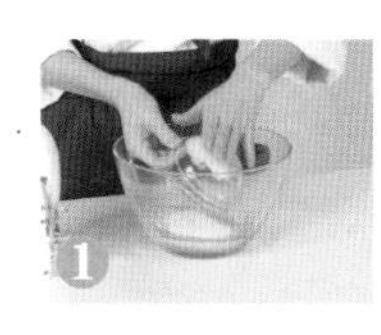

全蛋的打发

◉ 原料 *Ingredients* •

鸡蛋160克，细砂糖100克

◉ 做法 *Directions* •

1. 取一个容器，倒入备好的鸡蛋和细砂糖。
2. 用电动搅拌器中速打发4分钟，使其完全混合。
3. 打发至材料完全呈现乳白色膏状即可。

制作要点 *Tips*

打发全蛋的时候最好用中速打发，否则容易溅出来。全蛋一经打发，一定要尽快使用。

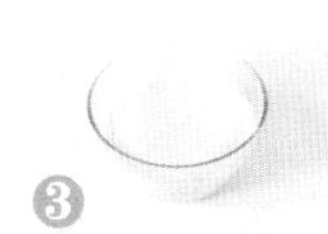

黄油的打发

◉ 原料 *Ingredients* •

黄油200克，糖粉100克，蛋黄15克

◉ 做法 *Directions* •

1. 取一个容器，倒入备好的糖粉和黄油。
2. 用电动搅拌器搅拌，打发至食材混合均匀。
3. 倒入蛋黄，继续打发至材料完全呈现乳白色膏状即可。

制作要点 *Tips*

黄油一般冷藏保存,使用时最好先常温退冰,等到用手指可轻压出一个小坑时即可使用。

和面方法

Knead Dough

和面就是用水和其他原料揉匀面粉
再适当搅拌使面粉吸水膨胀
形成有弹性、黏性、可塑性的面团
下面介绍几种和面方法
让烘焙变得更简单

手工和面

◉ 原料 *Ingredients* •

高筋面粉250克，纯净水100毫升，细砂糖50克，鸡蛋40克，奶粉10克，酵母5克，黄油35克

◉ 做法 *Directions* •

1. 将高筋面粉倒在案板上，再用刮板轻轻刮开一个窝。
2. 在面窝中倒入纯净水，加入细砂糖、奶粉、酵母、鸡蛋。
3. 用刮板将四周的面粉向中间聚拢，搅拌。
4. 边翻搅，边用手按压揉匀材料。
5. 加入备好的黄油。
6. 边翻搅边揉捏，使面团均匀光滑，直至有弹性即可。

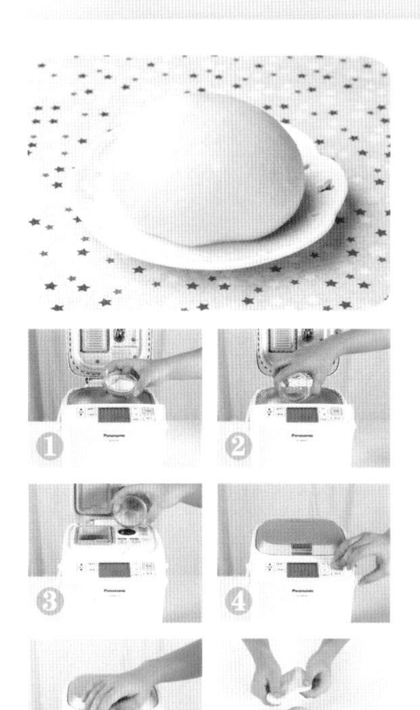

面包机和面

◉ 原料 *Ingredients* •

高筋面粉250克，纯净水100毫升、细砂糖50克，鸡蛋40克，奶粉10克，酵母5克，黄油35克

◉ 做法 *Directions* •

1. 将高筋面粉、奶粉、纯净水、细砂糖一起倒入面包机。
2. 再倒入备好的鸡蛋、黄油。
3. 盖上机头，掀开机头上的小盖，倒入酵母。
4. 盖上小盖，在菜单上选择“和面”。
5. 按“预约”，调至5分钟。
6. 选定“开始”，开始运作机器，待5分钟后，将搅好的面团取出即可。

厨师机和面

◉ 原料 *Ingredients* •

高筋面粉250克，纯净水100毫升，细砂糖50克，鸡蛋40克，奶粉10克，酵母5克，黄油35克

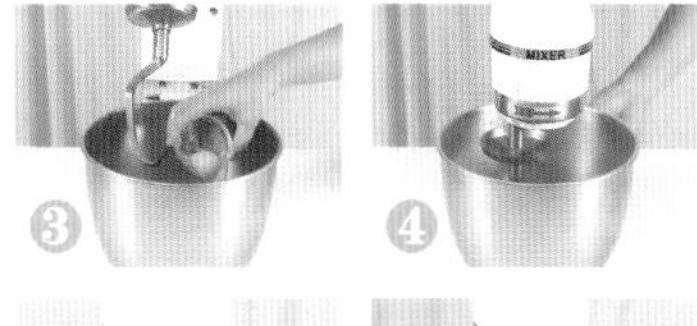

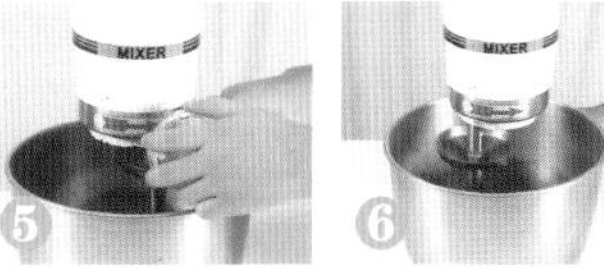

◉ 做法 *Directions* •

1. 将厨师机的机头掀起。
2. 加入高筋面粉、酵母、奶粉。
3. 再倒入细砂糖、纯净水、鸡蛋。
4. 调至中速，再开启开关，开始搅拌使原料均匀混合。
5. 搅成团后关掉开关，加入黄油。
6. 再次启动厨师机开始搅拌，使面团均匀后关闭机器即可。

蛋糕体的制作

Basic Cake Recipes

各种蛋糕体是制作蛋糕的基础，
只有做出成功的蛋糕体，
才能最终制成美味的蛋糕。
下面介绍基础蛋糕体的制作，
学会这些，
可以让您在做蛋糕时更容易，
轻松享用美味蛋糕带来的一份惬意！

玛芬蛋糕体

◉ 原料 *Ingredients* •

糖粉160克，鸡蛋220克，低筋面粉270克，牛奶40克，盐3克，泡打粉8克，黄油150克

◉ 做法 *Directions* •

1. 将鸡蛋、糖粉、盐倒入大碗中搅拌均匀。
2. 倒入溶化的黄油，搅拌均匀。
3. 将低筋面粉、泡打粉过筛至大碗中，用电动搅拌器搅拌均匀。
4. 倒入牛奶并不停搅拌，制成面糊，然后将面糊倒入裱花袋中。
5. 把蛋糕纸杯放入烤盘中，挤入面糊至七分满。
6. 将烤盘放入烤箱中，以上火190℃、下火170℃烤20分钟，取出即成玛芬蛋糕体。

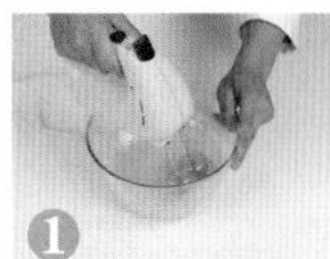
1
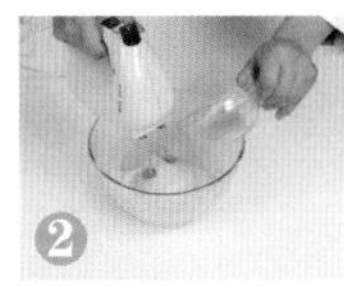
2

3

4
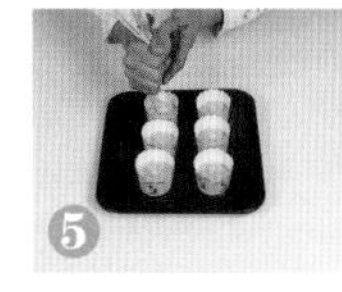
5

6

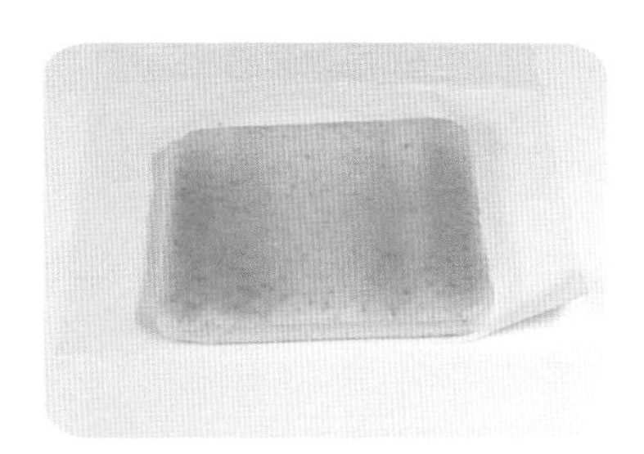

海绵蛋糕体

◉ 原料 *Ingredients* •

鸡蛋4个，低筋面粉125克，细砂糖112克，水50毫升，色拉油37毫升，蛋糕油10克，蛋黄2个

◉ 做法 *Directions* •

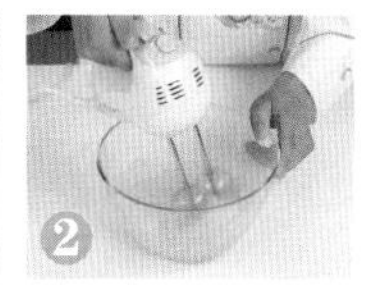
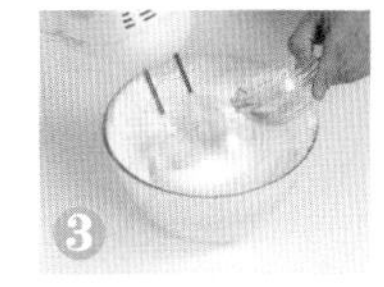
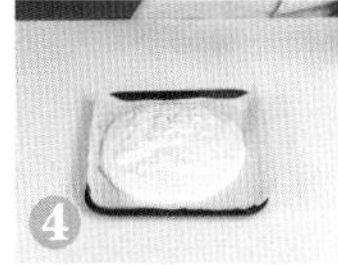

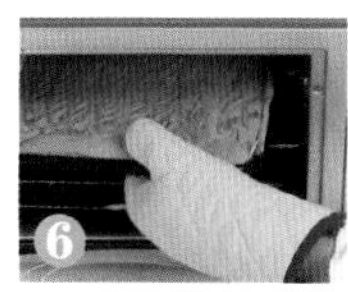

1. 将鸡蛋倒入碗中，倒入细砂糖搅拌。
2. 加入水、低筋面粉、蛋糕油，打发至起泡。
3. 再加入色拉油，搅拌均匀，制成面糊。
4. 取出烤盘，铺上白纸，倒入面糊，用刮板将面糊抹匀。
5. 将烤盘放入烤箱中，以上火170℃、下火190℃烤20分钟至熟。
6. 取出烤盘，即成海绵蛋糕体。

芝士蛋糕体

◉ 原料 *Ingredients* •

奶油芝士150克，黄油60克，牛奶100毫升，低筋面粉25克，塔塔粉2克，细砂糖100克，鸡蛋4个

◉ 做法 *Directions* •

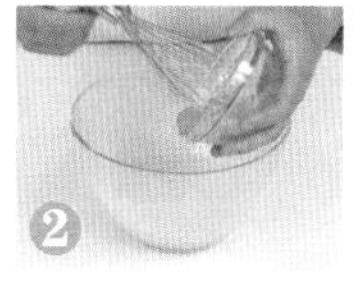
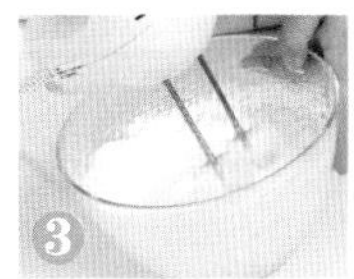
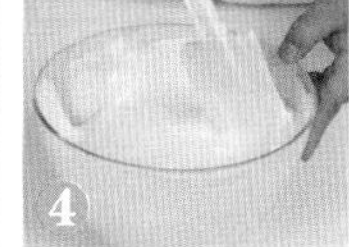
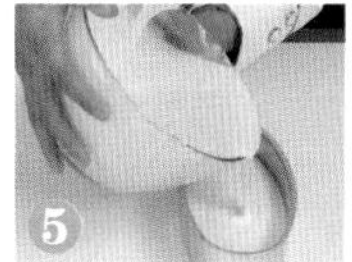
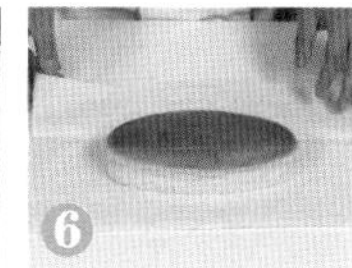

1. 鸡蛋打开，将蛋黄和蛋白分别装入两个碗中。
2. 将牛奶、奶油芝士、黄油、低筋面粉和蛋黄一起搅打均匀。
3. 蛋白打至起泡，加入细砂糖和塔塔粉搅匀。
4. 将所有材料搅匀，制成面糊。
5. 将面糊倒入模具中。
6. 放入烤盘后进烤箱烤至呈金黄色，取出即可。

馅料的制作

Cake Filling Recipes

馅料是西点美味的关键之一
一款好馅料
将为您的烘焙作品锦上添花
以下将为您带来几款馅料秘方
配上详细的文字和图片介绍
让您一目了然

苹果馅

◉ 原料 *Ingredients* •

苹果丁300克，白奶油25克，白砂糖35克，玉米淀粉20克，纯净水45毫升

◉ 做法 *Directions* •

1. 锅中倒入纯净水、白砂糖。
2. 加入白奶油。
3. 用小火慢煮并搅拌至材料溶化。
4. 放入苹果丁，煮至微软。
5. 加入玉米淀粉，搅拌均匀。
6. 关火后将煮好的苹果馅装碗即可。

芝士馅

◉ 原料 *Ingredients* •

芝士200克，糖粉75克，玉米淀粉21克，白奶油70克，牛奶50毫升

◉ 做法 *Directions* •

1. 锅中倒入芝士，用小火煮至微微熔化。
2. 放入奶油后稍微搅拌。
3. 倒入牛奶，然后搅拌均匀。
4. 倒入糖粉，拌匀。
5. 放入玉米淀粉，搅拌至材料融合。
6. 关火后将煮好的芝士馅装碗即可。

椰蓉馅

◉ 原料 *Ingredients* •

白砂糖200克，全蛋75克，椰蓉300克，白奶油25克，奶粉75克

◉ 做法 *Directions* •

1. 锅中倒入白奶油，小火慢煮，搅拌至软化。
2. 加入白砂糖，搅拌至与奶油融合。
3. 放入全蛋，搅拌均匀。
4. 倒入奶粉，搅拌均匀。
5. 加入椰蓉，搅匀至材料融合。
6. 关火后将煮好的椰蓉馅装碗即可。

酱料的制作

Sauce Recipes

酱料的制作并不复杂
但成品的质感却会有诸多变化
要想做好酱料
除了配方要好
还要做足手上功夫
下面将介绍几款酱料
让您轻松做出自己独创的美味

苹果果酱

◉ 原料 *Ingredients* •

苹果泥100克，柠檬半个，白砂糖30克

◉ 工具 *Tools*•

玻璃碗、搅拌器各1个

◉ 做法 *Directions* •

1. 在玻璃碗中倒入苹果泥。
2. 加入白砂糖。
3. 用搅拌器搅拌均匀。
4. 将柠檬挤出汁，倒入碗中。
5. 搅拌均匀。
6. 将搅拌好的苹果果酱装碗即可。

葡萄果酱

◉ 原料 *Ingredients* •

去皮葡萄300克，白砂糖40克，柠檬半个

◉ 工具 *Tools* •

玻璃碗、搅拌器各1个

◉ 做法 *Directions* •

1. 在玻璃碗中倒入去皮葡萄和白砂糖。
2. 将柠檬挤汁到碗中，用搅拌器充分搅碎。
3. 将搅拌好的葡萄果酱装碗即可。

制作要点 *Tips*

葡萄在制作之前先去核、去皮，口感就会更好，做出来的果酱也会更细腻。

卡仕达酱

◉ 原料 *Ingredients* •

蛋黄30克，细砂糖30克，纯净水150毫升，低筋面粉15克

◉ 做法 *Directions* •

1. 取一只大玻璃碗，倒入蛋黄和细砂糖，用电动搅拌器打发均匀。
2. 加入低筋面粉。
3. 搅拌均匀至酱料细滑。
4. 奶锅中注入纯净水烧开，倒入一半酱料拌匀。
5. 关火后将另一半酱料倒入，再开小火，搅拌至浓稠。
6. 关火后取玻璃碗将煮好的酱料装入即可。

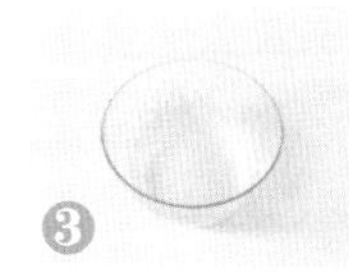

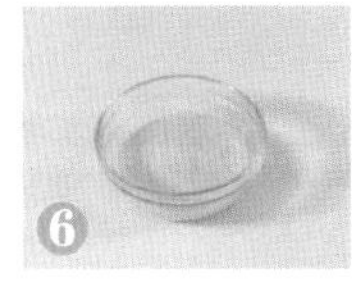

第二章

手作饼干，用心体验的生活惊喜

一片薄薄的饼干，可以香甜绵软，也可以咸鲜爽脆；

在造型上，可以精致小巧，也可以简单亲切。

这些变化全由制作者随心掌控。

手工饼干的意义，早已超越了食物本身，

而被赋予了更多灵心慧性。

饼干的制作，也成为一种心情的写照，

带来许多妙不可言的乐趣。

本章将介绍多款美味可口、赏心悦目的手工饼干，

配上详细的文字介绍与图片展示，

为您解说制作每一款饼干所要用到的配方、原料以及工具。

赶快行动，感受这场新奇的体验吧，

不经意间，您就能找到属于自己的那份惊喜。

苏打饼干

参考分量：22块

◉ 原料 *Ingredients* •

酵母6克，纯净水140克，低筋面粉300克，盐2克，小苏打2克，黄油60克

◉ 工具 *Tools* •

刮板1个，擀面杖1根，刀、叉子各1把，烤箱1台，高温布1块

◉ 做法 *Directions* •

1. 将低筋面粉、酵母、小苏打、盐倒在案板上，充分混匀。
2. 在中间开窝，倒入备好的纯净水，用刮板搅拌使水被吸收。
3. 加入黄油，一边翻搅一边按压，将所有食材混匀制成平滑的面团。
4. 在案板上撒上些许干粉，放上面团，用擀面杖将面团擀制成约0.1厘米厚度的面皮。
5. 用刀将面皮四周不整齐的地方修掉，将其切成大小一致的长方片。
6. 在烤盘内垫入高温布，将切好的面皮整齐地放入烤盘内。
7. 用叉子依次在每个面片上戳上装饰花纹。
8. 将烤盘放入预热好的烤箱内，以上、下火均为200℃的温度烤10分钟至饼干松脆即可。

芝麻苏打饼干

参考分量：15块

◉ 原料 *Ingredients* •

酵母3克，纯净水70克，低筋面粉150克，盐2克，小苏打2克，黄油30克，白芝麻、黑芝麻各适量

◉ 工具 *Tools* •

擀面杖1根，刮板1个，刀、叉子、尺子各1把，烤箱1台，高温布1块

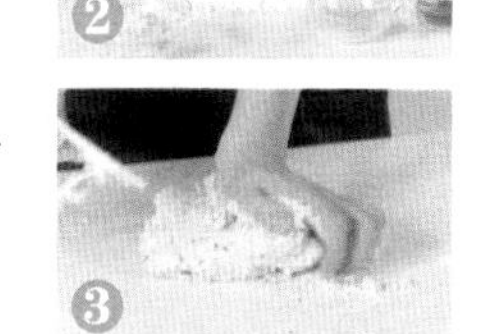

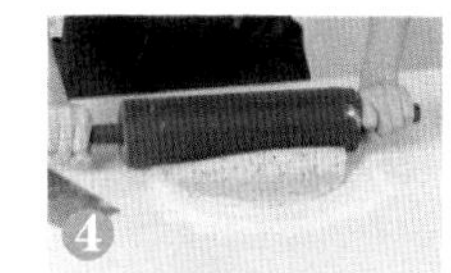

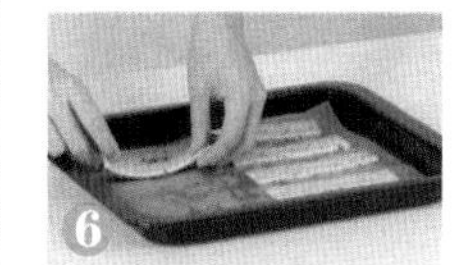

◉ 做法 *Directions* •

1. 将低筋面粉、酵母、小苏打、盐倒在案板上，充分混匀。
2. 在中间开窝，倒入备好的纯净水，用刮板搅拌均匀。
3. 加入黄油、黑芝麻、白芝麻，并将所有食材混匀，制成平滑的面团。
4. 案板上撒少许干粉，放上面团，将其擀制成0.1厘米厚的面皮。
5. 用刀将面皮周边修齐，将其切成大小一致的长方片。
6. 在烤盘内垫入高温布，将切好的面片整齐地放入烤盘内。
7. 用叉子依次在每个面片上戳上装饰花纹。
8. 将烤盘放入预热好的烤箱内，关上烤箱门，以上、下火均为200℃的温度烤10分钟，至饼干松脆。
9. 10分钟后，将烤盘取出放凉，并将饼干装盘即可。

红茶苏打饼干

参考分量：20块

原料 *Ingredients*

酵母3克，纯净水70毫升，低筋面粉150克，盐2克，小苏打2克，黄油30克，红茶末5克

工具 *Tools*

擀面杖1根，刮板1个，刀、叉子、尺子各1把，烤箱1台，高温布1块

做法 *Directions*

1. 将低筋面粉、酵母、小苏打、盐倒在案板上，充分混匀。
2. 在中间开窝，倒入备好的纯净水，用刮板搅拌均匀。
3. 加入黄油、红茶末，一边翻搅一边按压，将所有食材混匀制成纯滑的面团。
4. 在案板上撒上些许干粉，放上面团，用擀面杖将面团擀制成0.1厘米厚的面皮。
5. 用刀将面皮四周不整齐的地方修掉，用尺子量好，将其切成大小一致的长方片。
6. 在烤盘内垫入高温布，将切好的面皮整齐地放入烤盘内。
7. 用叉子依次在每个面片上戳上装饰花纹。
8. 将烤盘放入烤箱，关上烤箱门，以上、下火均200℃的温度烤10分钟至饼干松脆即可。

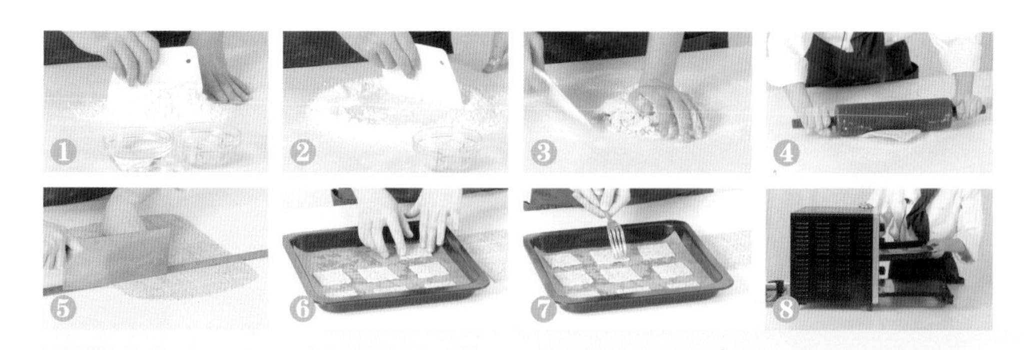

海苔苏打饼干

参考分量：18块

◉ 原料 *Ingredients* •

酵母3克，低筋面粉130克，奶粉10克，海苔5克，纯净水40毫升，黄油30克，盐、小苏打各少许

◉ 工具 *Tools* •

擀面杖1根，刮板、圆形模具各1个，叉子1把，高温布1块，烤箱1台

◉ 做法 *Directions* •

1. 将低筋面粉、酵母、小苏打、盐倒在案板上，充分混匀。
2. 在中间开窝，倒入备好的纯净水，用刮板搅拌均匀。
3. 加入黄油、海苔，一边翻搅一边按压，将所有食材混匀制成纯滑的面团。
4. 案板上撒些许干粉，放上面团，将其擀制成0.1厘米厚的面皮。
5. 用模具按压在面皮上，压出大小一致的圆形面皮。
6. 在烤盘内垫入高温布，将切好的面皮整齐地放入烤盘内。
7. 用叉子依次在每个面片上戳上装饰花纹。
8. 将烤盘放入已预热5分钟的烤箱内，关上烤箱门，上、下火均调为200℃，烤10分钟，至饼干松脆。
9. 10分钟后，将烤盘取出放凉，将饼干装盘即可。

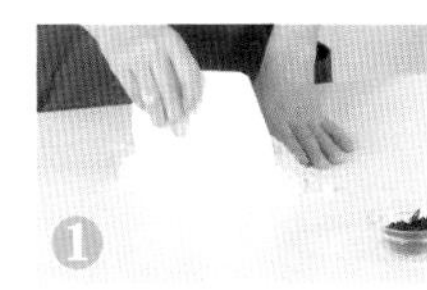

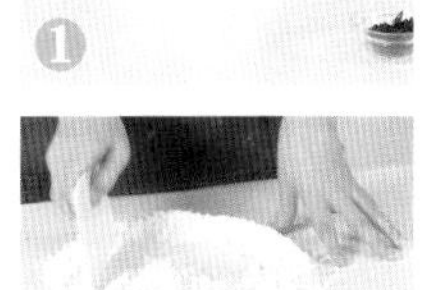

奶香苏打饼干

● 参考分量：14块

◉ 原料 *Ingredients* •

低筋面粉100克，小苏打2克，盐2克，三花淡奶60毫升，酵母2克

◉ 工具 *Tools* •

刮板1个，擀面杖1根，烘焙纸1张，烤箱1台，模具1个

◉ 做法 *Directions* •

1. 往案板上倒入低筋面粉、盐、小苏打、酵母，用刮板搅拌均匀，开窝。
2. 倒入三花淡奶，稍稍拌匀。
3. 刮入低筋面粉，混合均匀。
4. 将混合物搓揉成一个纯滑面团。
5. 用擀面杖将面团均匀擀薄，制成饼坯。
6. 用模具按压饼坯，取出数个饼干生坯。
7. 烤盘上垫一层烘焙纸，将饼干生坯放在烤盘里。
8. 将烤盘放入烤箱中，以上火160℃、下火160℃的温度烤15分钟至熟，将烤好的饼干取出装入小篮子即可。

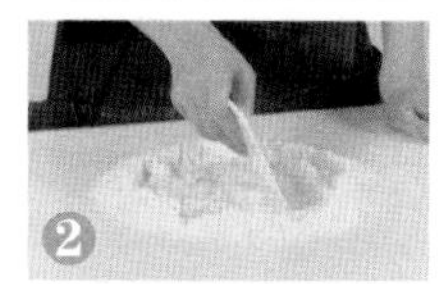

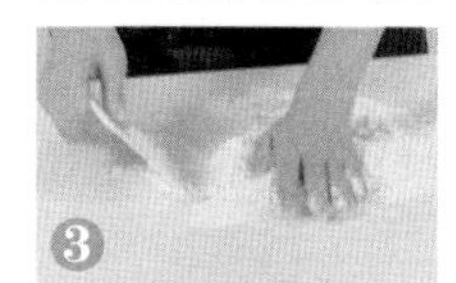

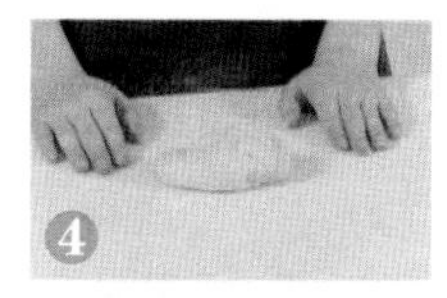

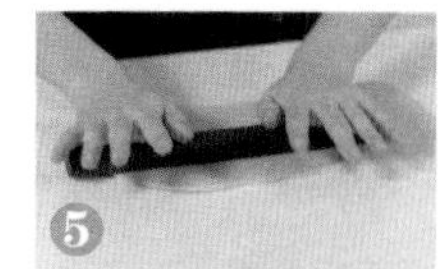

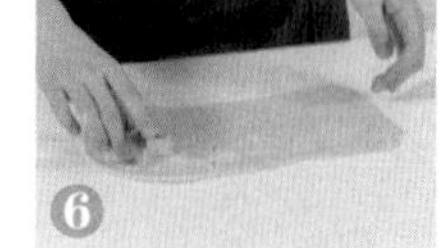

香葱苏打饼干

参考分量：16块

◉ 原料 *Ingredients*

黄油30克，酵母4克，盐3克，低筋面粉165克，牛奶90毫升，苏打粉1克，葱花、白芝麻各适量

◉ 工具 *Tools*

刮板1个，擀面杖1根，烤箱1台，模具1个，叉子1个

◉ 做法 *Directions*

1. 把低筋面粉倒在案板上，用刮板开窝。
2. 倒入酵母，拌匀。
3. 加入白芝麻、苏打粉、盐，倒入牛奶，混合，揉搓均匀。
4. 加入黄油、葱花，揉搓均匀。
5. 用擀面杖把面团擀成0.3厘米厚的面皮。
6. 用模具压出数个饼干生坯。
7. 把饼干生坯放入烤盘中，用叉子在饼干生坯上扎出小孔。
8. 将烤盘放入烤箱中，以上火170℃、下火170℃的温度烤15分钟至熟即可。

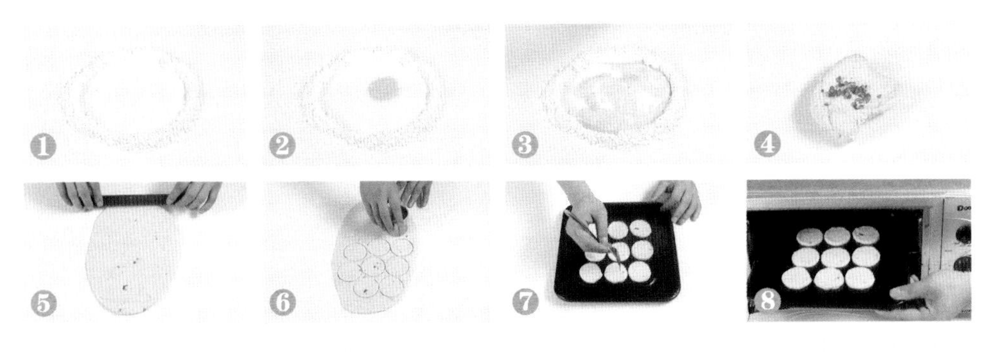

黄金芝士苏打饼干

参考分量：28块

将芝士混入苏打
制成饼干
烘烤出金黄诱人的色泽
赋予它更持久的香味和更酥脆的口感
为忙碌晚归的人
送去无言的抚慰与温暖

◉ 原料 *Ingredients* •

油皮部分　低筋面粉200克，纯净水100毫升，色拉油40毫升，酵母3克，小苏打2克，芝士10克，面粉少许

油心部分　低筋面粉60克，色拉油22毫升

◉ 工具 *Tools* •

刮板1个，烘焙纸1张，烤箱1台，擀面杖1根，饼干模具1个，高温布1块

◉ 做法 *Directions* •

油皮部分的做法

1. 往案板上倒入低筋面粉、酵母、小苏打，用刮板拌匀，开窝。
2. 加入色拉油、纯净水、芝士，稍稍拌匀。
3. 刮入低筋面粉，混合均匀。
4. 将混合物搓揉成纯滑面团，待用。

油心部分的做法

5. 往案板上倒入低筋面粉，用刮板开窝。
6. 加入色拉油。
7. 刮入面粉，将其搓揉成纯滑面团，待用。

剩余部分的做法

8. 往案板上撒少许面粉，放上油皮面团，用擀面杖将其均匀擀薄至呈面饼状。
9. 将油心面团用手按压一下，放在油皮面饼一端。
10. 将面饼另一端盖住面团，并用手压紧面饼四周。
11. 用擀面杖将裹有面团的面皮擀薄。
12. 将擀薄的饼坯两端往中间对折，再用擀面杖擀薄。
13. 用饼干模具按压饼坯，取出数个饼干生坯，装入铺有一块高温布的烤盘内。
14. 将烤盘放入烤箱中，以上火160℃、下火160℃的温度，烤15分钟至熟后取出烤盘，将饼干装盘即可。

制作要点 *Tips*

可以在烤好的饼干上撒适量芝士碎，这样吃起来会更香。

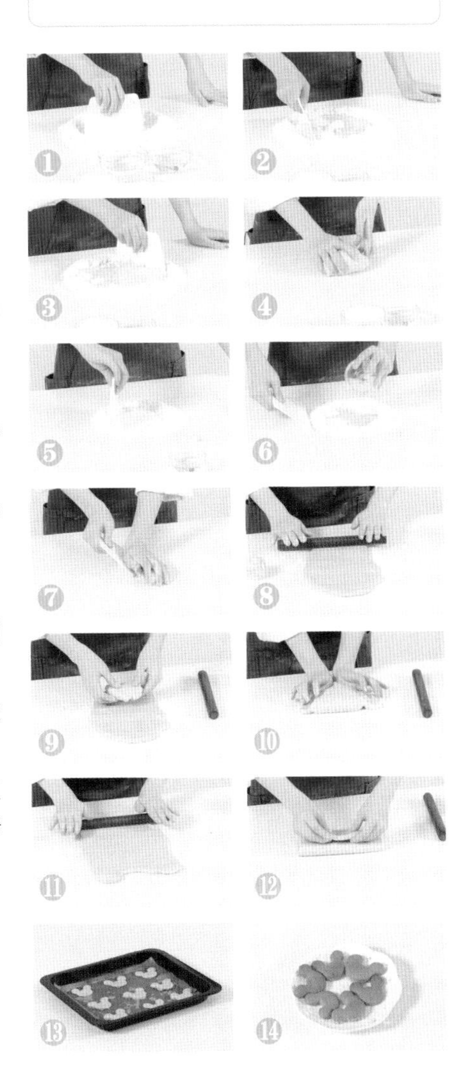

罗曼咖啡曲奇

参考分量：26块

生活中总有许多需要咬牙坚持的时候
但不必担心
更无须惶恐
正如同将浓浓的咖啡
融入松脆的曲奇之中
那一抹苦涩
会为即将到来的甜蜜
增添迷人的香气

◉ 原料 *Ingredients* •

黄油62克，糖粉50克，蛋白22克，咖啡粉5克，开水5毫升，香草粉5克，杏仁粉35克 ，低筋面粉80克

◉ 工具 *Tools* •

玻璃碗2个，裱花袋、裱花嘴各1个，剪刀1把，烘焙纸1张，电动搅拌器1个，烤箱1台

◉ 做法 *Directions* •

1. 将糖粉、黄油倒入容器中，用电动搅拌器快速拌匀使黄油溶化。
2. 倒入蛋白，快速拌匀至食材融合在一起，待用。
3. 将开水注入咖啡粉中，搅拌至咖啡粉完全溶化，制成咖啡液，待用。
4. 往容器中加入调好的咖啡液，用电动搅拌器快速搅拌均匀。
5. 倒入香草粉，拌匀，再撒上杏仁粉，继续搅拌均匀。
6. 最后倒入低筋面粉，搅拌均匀至材料呈细腻的面糊状，待用。
7. 取一裱花袋，放入裱花嘴，将拌好的面糊盛入袋中。
8. 收紧袋口，在袋底剪出一个小孔，露出裱花嘴，待用。
9. 烤盘中垫上大小适合的烘焙纸，挤入适量面糊，制成数个曲奇生坯。
10. 烤箱以上火180℃、下火160℃预热5分钟后，放入装有曲奇生坯的烤盘。
11. 关好烤箱门，以上火180℃、下火160℃的温度烤约10分钟，至食材熟透。
12. 断电后取出烤盘，将曲奇摆盘即成。

制作要点 *Tips*

制作此款饼干须使用100%纯杏仁粉和纯咖啡粉，请勿使用冲调饮料用的杏仁霜粉及加了糖和奶精的三合一咖啡粉，以免影响口感。

黄油曲奇

参考分量：22块

原料 *Ingredients*

黄油130克，细砂糖35克，糖粉65克，香草粉5克，低筋面粉200克，鸡蛋1个

工具 *Tools*

玻璃碗、电动搅拌器、裱花袋、裱花嘴、长柄刮板各1个，剪刀1把，烤箱1台，烘焙纸1张

做法 *Directions*

1. 取一个玻璃碗，放入糖粉、黄油，用电动搅拌器打发至乳白色。
2. 加入鸡蛋，继续搅拌，再加入细砂糖，搅拌均匀。
3. 加入备好的香草粉和低筋面粉，充分搅拌均匀。
4. 用长柄刮板将材料搅拌片刻，撑开裱花袋，将裱花袋剪开一个小洞，再套上裱花嘴。
5. 用长柄刮板将拌好的材料装入裱花袋中。
6. 烤盘铺上烘焙纸，将裱花袋中的材料挤在烤盘上，制成饼坯。
7. 烤箱预热5分钟后开箱，放入装有饼坯的烤盘。
8. 关闭烤箱，将上火调至180℃，下火调至160℃，定时17分钟，烤至成型变熟。
9. 取出烤盘，将烤好的曲奇装盘即可。

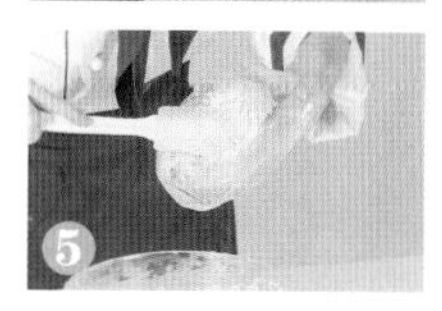

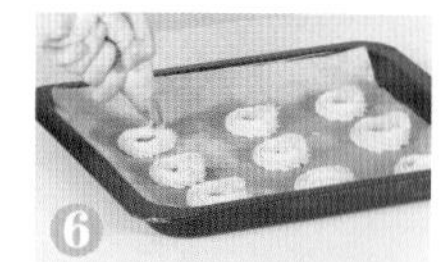

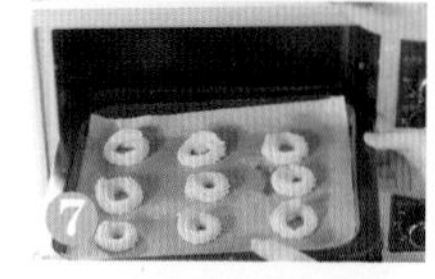

奶香曲奇

参考分量：20块

◉ 原料 *Ingredients* •

黄油75克，糖粉20克，蛋黄15克，细砂糖14克，淡奶油15克，低筋面粉80克，奶粉30克，玉米淀粉10克

◉ 工具 *Tools* •

玻璃碗1个，电动搅拌器、长柄刮板、裱花嘴各1个，裱花袋2个，烤箱1台，高温布1块

◉ 做法 *Directions* •

1. 取一个玻璃碗，加入糖粉和黄油，用电动搅拌器搅拌均匀。
2. 搅拌至其呈乳白色后加入蛋黄，然后继续搅拌。
3. 依次加入细砂糖、淡奶油、玉米淀粉、奶粉、低筋面粉，充分搅拌均匀。
4. 用长柄刮板将所有材料继续搅拌片刻。
5. 在裱花嘴尖端剪开一个小洞，套上裱花嘴，用长柄刮板将拌好的材料装入裱花袋中。
6. 在烤盘上铺一块高温布，将裱花袋中的材料挤在烤盘上，呈长条形。
7. 将装有饼坯的烤盘放入烤箱，以上火180℃、下火150℃的温度，烤15分钟至熟。
8. 打开烤箱，将烤盘取出，将烤好的曲奇装盘即可。

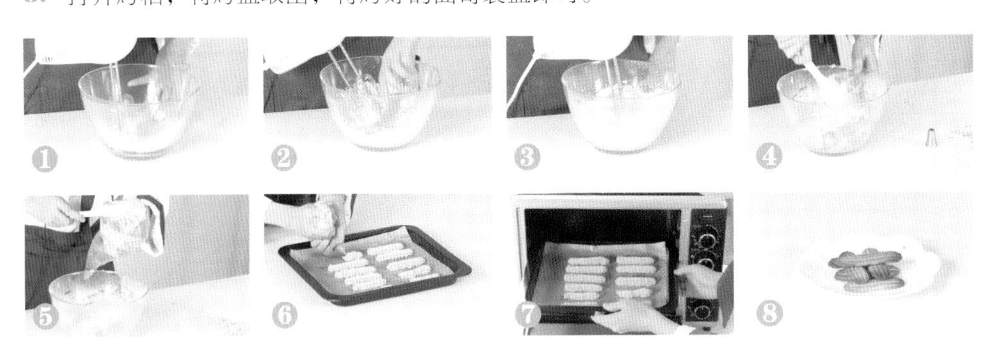

蛋香小饼干

参考分量：20块

◉ 原料 *Ingredients* •

低筋面粉100克，蛋白105克，蛋黄45克，细砂糖60克

◉ 工具 *Tools* •

玻璃碗1个，长柄刮板、裱花袋各1个，剪刀1把，烤箱1台

◉ 做法 *Directions* •

1. 将蛋白和细砂糖倒入备好的容器中，搅拌均匀。
2. 分次加入蛋黄和低筋面粉，用长柄刮板拌匀，待用。
3. 将拌好的材料装入裱花袋，挤压均匀。
4. 裱花袋尖端剪一个小口。
5. 将材料挤入烤盘，制成数个圆形饼干生坯。
6. 打开烤箱，将烤盘放入烤箱中。
7. 关上烤箱，上火、下火均为160℃，烤约10分钟至熟。
8. 取出烤盘。
9. 把烤好的蛋香小饼干装盘即可。

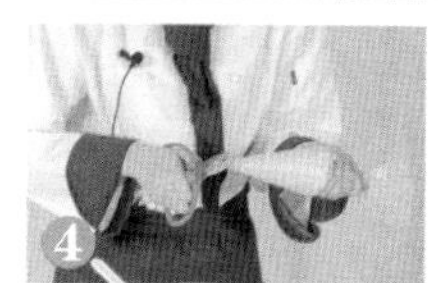

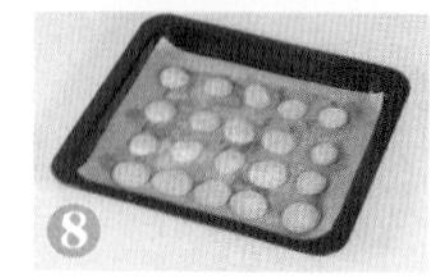

蛋白薄脆饼

参考分量：48块

◉ 原料 *Ingredients*

低筋面粉200克，黄油125克，糖粉200克，蛋白150克

◉ 工具 *Tools*

玻璃碗1个，长柄刮板1把，电动搅拌器1个，烤箱1台，裱花袋1个，剪刀1把，高温布1块

◉ 做法 *Directions*

1. 取一玻璃碗，倒入糖粉、黄油，用电动搅拌器打发至材料呈乳白色。
2. 分两次加入蛋白拌匀。
3. 倒入低筋面粉，稍搅拌一下。
4. 开动搅拌器搅拌均匀至淡白色。
5. 用长柄刮板将拌好的浆料填入裱花袋里。
6. 用剪刀在裱花袋尖端剪一个大小适中的孔。
7. 烤盘中垫上一块高温布，挤上多个大小均等的饼坯。
8. 将烤盘放入烤箱中，以上火180℃、下火180℃的温度烤15分钟至熟。
9. 取出烤盘，将烤好的饼干装盘即可。

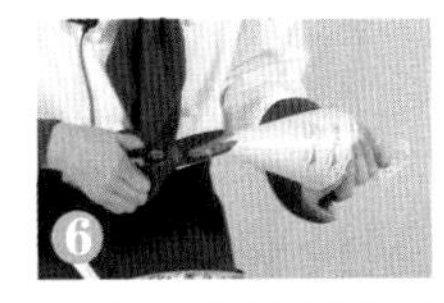

杏仁奇脆饼

参考分量：25块

◉ 原料 *Ingredients*

黄油90克，低筋面粉110克，糖粉90克，蛋白50克，杏仁片适量

◉ 工具 *Tools*

玻璃碗1个，电动搅拌器、长柄刮板、裱花袋各1个，剪刀1把，烤箱1台，高温布1块

◉ 做法 *Directions*

1. 将黄油倒入大碗中，加入糖粉，用电动搅拌器搅拌均匀。
2. 加入蛋白，再搅拌均匀。
3. 倒入低筋面粉，用长柄刮板搅拌成糊状。
4. 把面糊装入裱花袋里。
5. 用剪刀从裱花袋尖角处剪开一个小口。
6. 将面糊均匀地挤在铺有高温布的烤盘里。
7. 撒上适量杏仁片。
8. 把烤盘放入烤箱里，关上箱门，以上火190℃、下火140℃烤约15分钟即成。

浓咖啡意大利脆饼

参考分量：12块

原料 *Ingredients*

低筋面粉100克，杏仁35克，鸡蛋1个，细砂糖60克，黄油40克，泡打粉3克，咖啡液8毫升

工具 *Tools*

刮板1个，油纸1张，烤箱1台

做法 *Directions*

1. 将低筋面粉倒在案板上，撒上泡打粉，用刮板拌匀，开窝。
2. 倒入细砂糖和鸡蛋，搅散蛋黄。
3. 再注入咖啡液，加入黄油，慢慢搅拌一会儿，再揉搓均匀。
4. 撒上杏仁，用力地揉至材料成纯滑的面团，静置片刻。
5. 取面团，搓成椭圆柱形，分成数个剂子。
6. 烤盘中铺上一张大小合适的油纸，摆上剂子，按压几下，制成椭圆形生坯。
7. 烤箱预热5分钟，放入烤盘。
8. 关好烤箱门，以上、下火均为180℃的温度烤约20分钟，直至食材熟透。
9. 断电后取出烤盘，最后将成品摆盘即可。

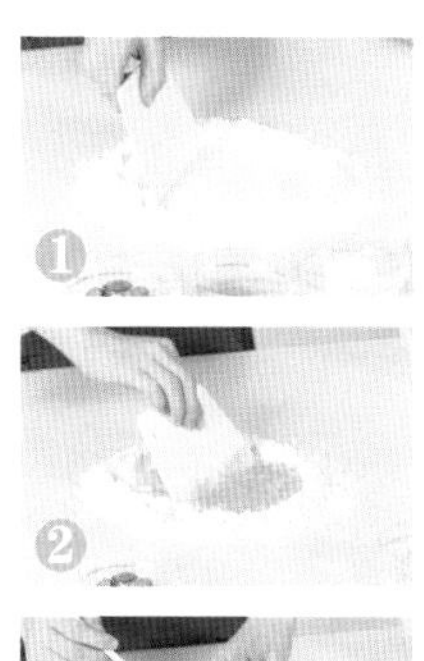

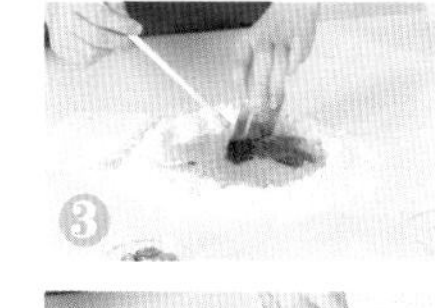

花生饼干

● 参考分量：10块

◉ 原料 *Ingredients* •

低筋面粉160克，鸡蛋1个，苏打粉5克，黄油100克，花生酱100克，细砂糖80克，花生碎适量

◉ 工具 *Tools* •

刮板1个，高温布1张，烤箱1台

◉ 做法 *Directions* •

1. 往案板上倒入低筋面粉、苏打粉，用刮板拌匀，开窝。
2. 加入鸡蛋、细砂糖，稍稍拌匀。
3. 放入黄油、花生酱。
4. 拌入低筋面粉，混合均匀。
5. 将混合物搓揉成纯滑面团。
6. 取适量面团，逐一揉圆制成生坯。
7. 将生坯均匀蘸上花生碎。
8. 烤盘中垫上一层高温布，将蘸好花生碎的生坯放入烤盘，每个用手按压一下，使其呈圆饼状。
9. 将烤盘放入烤箱中，以上火160℃、下火160℃的温度烤15分钟至熟，取出装盘即可。

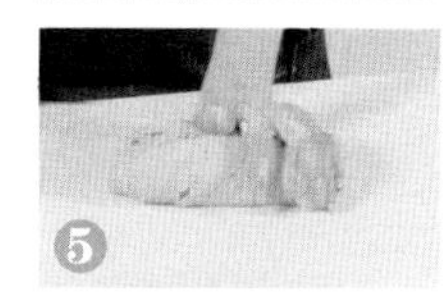

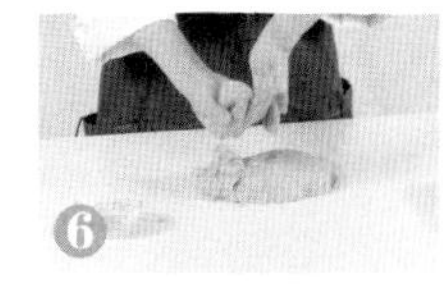

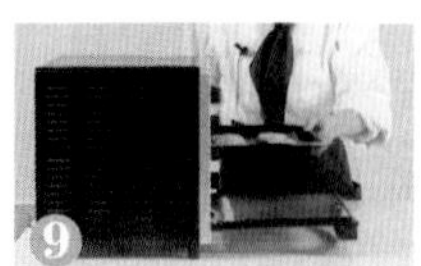

红糖核桃饼干

参考分量：20块

◉ 原料 *Ingredients*

低筋面粉170克，蛋白30克，泡打粉4克，核桃80克，黄油60克，红糖50克

◉ 工具 *Tools*

刮板1个，烤箱1台

◉ 做法 *Directions*

1. 将低筋面粉倒于案板上，加入泡打粉，用刮板开窝。
2. 倒入蛋白、红糖，搅拌均匀。
3. 倒入黄油，将面粉揉按成型。
4. 加入核桃，揉按均匀。
5. 取适量面团，按捏成数个饼干生坯，摆好装入烤盘，待用。
6. 打开烤箱，将烤盘放入烤箱中。
7. 关上烤箱，以上火、下火均为180℃的温度，烤约20分钟至熟。
8. 取出烤盘，将烤好的红糖核桃饼干装盘即可。

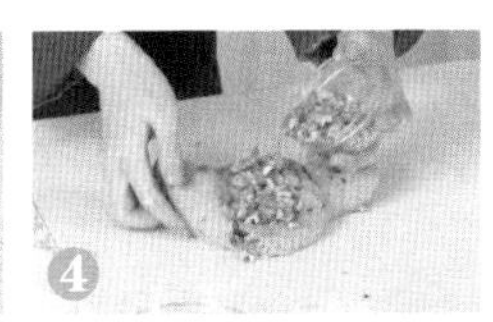

巧克力核桃饼干

参考分量:16块

◉ 原料 *Ingredients*

核桃碎100克，黄油120克，杏仁粉30克，细砂糖50克，低筋面粉220克，鸡蛋100克，黑巧克力液、白巧克力液各适量

◉ 工具 *Tools*

刮板1个 ，烤箱1台，刀1把

◉ 做法 *Directions*

1. 将低筋面粉、杏仁粉倒在案板上，用刮板开窝。
2. 倒入细砂糖、鸡蛋，搅拌均匀，加入黄油，将材料混合均匀。
3. 揉成面团。
4. 放入核桃碎，揉匀。
5. 在面团上撒少许低筋面粉，压成0.5厘米厚的面皮。
6. 用刀将面皮切成长方形面饼，再将不规则的边缘去掉，把面饼放入烤盘。
7. 再放入烤箱中，以上火150℃、下火150℃烤约18分钟至熟。
8. 取出烤盘，将核桃饼干一端蘸上适量白巧克力液，另一端蘸上适量黑巧克力液即可。

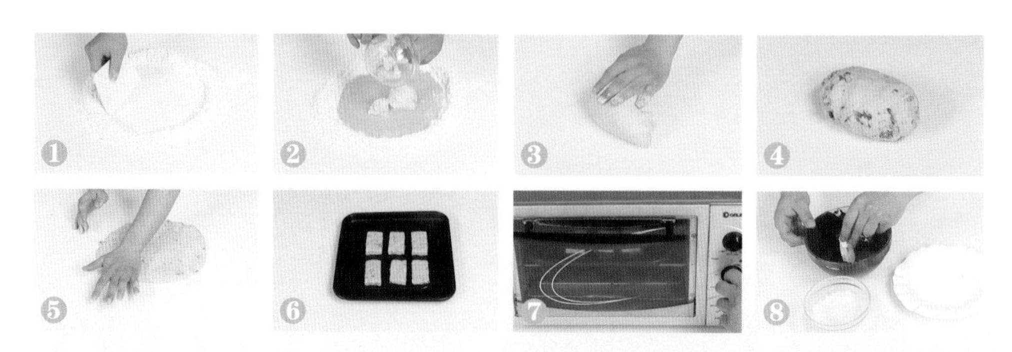

芝麻南瓜籽小饼干

参考分量：19块

◉ 原料 *Ingredients*

黄油80克，白糖50克，香草粒适量，牛奶16毫升，低筋面粉150克，鸡蛋1个，白芝麻、南瓜籽各适量

◉ 工具 *Tools*

刮板1个，烤箱1台，高温布1块，保鲜膜适量

◉ 做法 *Directions*

1. 将低筋面粉倒在案板上，用刮板开窝。
2. 加入牛奶、白糖搅拌均匀，再倒入鸡蛋，搅拌均匀。
3. 放入香草粒，搅拌均匀。
4. 倒入黄油，将材料混合均匀，揉搓成纯滑面团。
5. 将面团用保鲜膜包好，放入冰箱，冰冻30分钟。
6. 取出面团，去掉保鲜膜，切成饼状。
7. 在饼坯边缘蘸上白芝麻，并在中心放上南瓜籽，再放入铺有高温布的烤盘中。
8. 将烤盘放入烤箱，以上、下火均170℃的温度烤15分钟至熟。
9. 取出烤好的饼干，装盘即可。

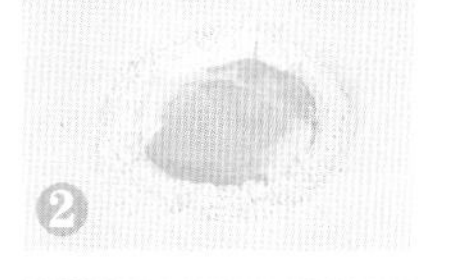
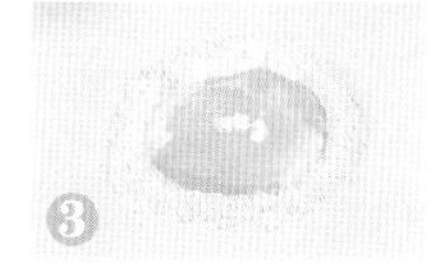
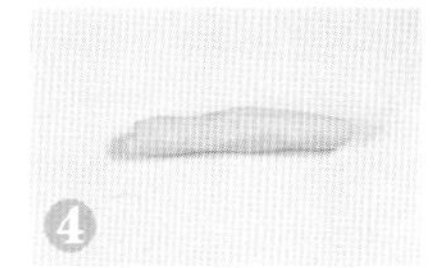

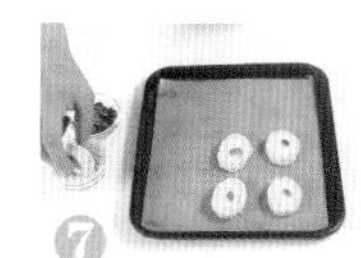

燕麦全麦饼干

参考分量：17块

◉ 原料 *Ingredients*

低筋面粉50克，燕麦100克，盐3克，泡打粉5克，橄榄油10毫升，纯净水100毫升

◉ 工具 *Tools*

刮板1个，烤箱1台

◉ 做法 *Directions*

1. 将低筋面粉、燕麦、泡打粉倒在案板上，搅拌均匀。
2. 用刮板在中间开窝，加入备好的盐、橄榄油、纯净水。
3. 将四周的面粉向中间覆盖，充分揉匀至面团纯滑。
4. 将面团搓成粗条，取下适量面团揉成圆形。
5. 将揉好的面团轻轻按压成饼状，放入备好的烤盘中。
6. 将剩下的面团依次做成饼坯，备用。
7. 打开预热好的烤箱，放入烤盘，关门。
8. 将上火调为170℃，下火调成170℃，时间设置为15分钟。
9. 15分钟后，将烤好的饼干取出，放凉后装盘即可。

1

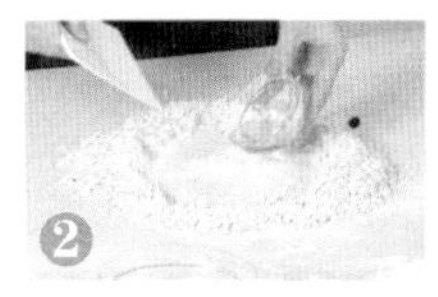
2

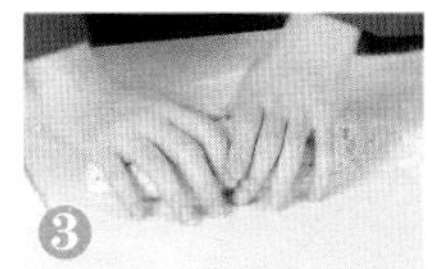
3

4

5

6

7

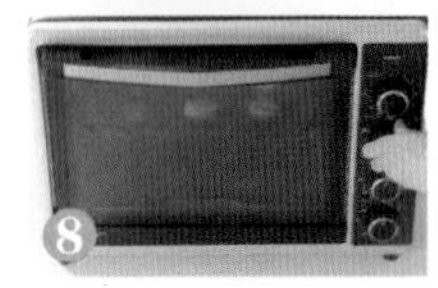
8

9

椰蓉蛋酥饼干

参考分量：22块

原料 *Ingredients*

低筋面粉150克，奶粉20克，鸡蛋4克，盐2克，细砂糖60克，黄油125克，椰蓉50克

工具 *Tools*

刮板1个，烤箱1台

做法 *Directions*

1. 将低筋面粉、奶粉一起搅拌片刻，用刮板开窝。
2. 加入备好的细砂糖、盐、鸡蛋，搅拌均匀。
3. 倒入黄油，将四周的粉覆盖上去，揉搓至面团纯滑。
4. 取适量面团揉成圆形，在外圈均匀蘸上椰蓉。
5. 放入烤盘，轻轻压成饼状，并将面团依次制成饼干生坯。
6. 将烤盘放入烤箱，温度调为上火180℃、下火150℃，时间定为15分钟，烤制定型。
7. 15分钟后将烤盘取出。
8. 待饼干放凉后，装盘即可食用。

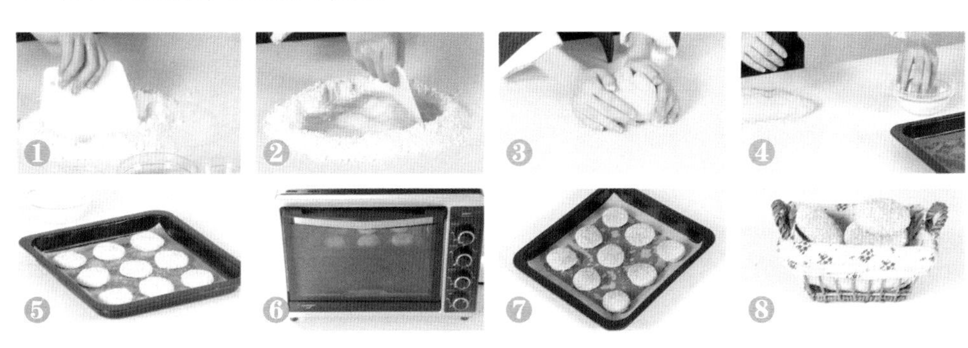

黄油饼干

参考分量：18块

天气晴好，凉风送香，友人将近
听闻黄油乃牧民珍馐，待客足诚
味足香浓的饼干里
蕴含着特别的情谊
亲手捧出的一份心意
满溢着热情与祝福

◉ 原料 *Ingredients* •

低筋面粉100克，可可粉10克，蛋黄30克，奶粉15克，黄油85克，糖粉50克，面粉少许

◉ 工具 *Tools* •

刮板1个，擀面杖1根，烤箱1台，圆形模具1个，保鲜膜适量，烘焙纸1张

◉ 做法 *Directions* •

1. 案板上倒入可可粉与奶粉，用硅胶刮板拌匀，开窝。
2. 加入蛋黄、糖粉，充分搅拌均匀。
3. 倒入黄油，拌入低筋面粉。
4. 将混合物揉搓成纯滑面团。
5. 用保鲜膜将面团包裹好，放入冰箱中冷冻30分钟。
6. 取出冻好的面团，撕下保鲜膜。
7. 案板上撒少许面粉，用擀面杖将冻面团擀成0.5厘米厚的面饼。
8. 用圆形模具在面饼上逐一按压，取出数个圆形生坯。
9. 烤盘上垫一层烘焙纸，放入制作好的圆形生坯。
10. 将烤盘放入烤箱中，以上火160℃、下火160℃烤15分钟至饼干熟透。
11. 断电，打开烤箱，取出烤盘，静置片刻，待其稍微冷却。
12. 将烤好的饼干装盘即可。

制作要点 *Tips*

黄油需要软化后打发，如果直接将黄油熔化使用，就很难让空气进入到油脂里，导致最终成品酥松感较差。另外，擀面饼的时候一定要注意擀至各处厚度均等，不然饼干不容易烘烤均匀。

黄油小饼干

● 参考分量：25块

◉ 原料 *Ingredients* •

低筋面粉150克，糖粉50克，黄油100克，蛋黄20克，盐2克，香草粉2克

◉ 工具 *Tools* •

刮板、叉子各1个，烤箱1台

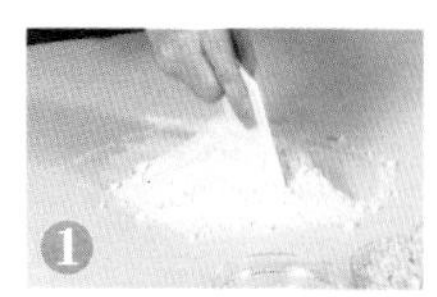

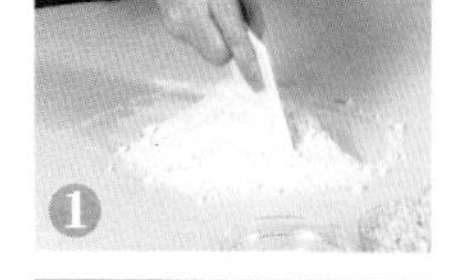

◉ 做法 *Directions* •

1. 将低筋面粉、香草粉倒在案板上，用刮板搅拌均匀。
2. 在中间开窝，加入糖粉、盐、蛋黄，搅拌均匀。
3. 加入备好的黄油，一边翻搅一边按压制成面团。
4. 将揉好的面团搓成长条，用刮板切成大小一致的小段。
5. 将面团依次搓成圆形，放入烤盘压成圆饼状。
6. 用叉子依次在饼坯上压上漂亮的条形花纹。
7. 将装有饼坯的烤盘放入预热好的烤箱内。
8. 上火调为170℃，下火调为170℃，时间定为10分钟，烤至饼干松脆。
9. 10分钟后，将烤盘取出，将烤好的饼干装盘即可。

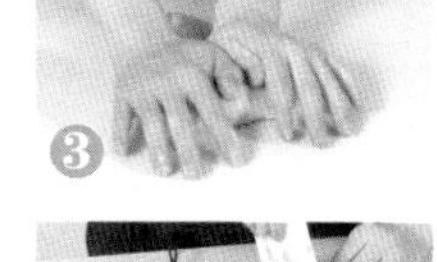

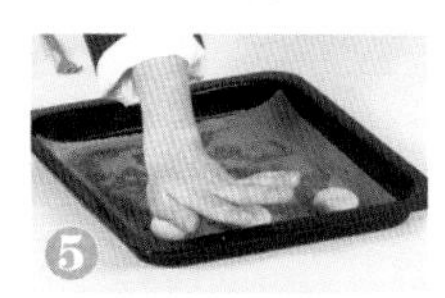

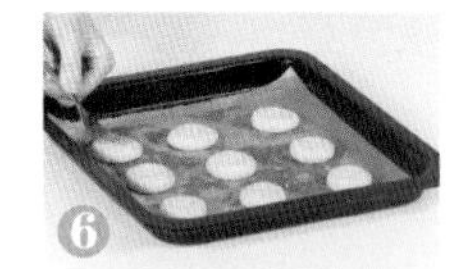

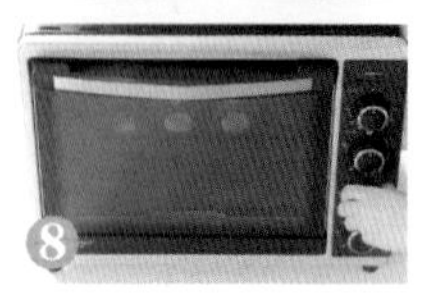

家庭小饼干

参考分量：15块

◉ 原料 *Ingredients*

低筋面粉50克，玉米淀粉20克，奶粉20克，泡打粉5克，细砂糖20克，黄油10克，蛋黄30克

◉ 工具 *Tools*

刮板1个，烤箱1台

◉ 做法 *Directions*

1. 将低筋面粉、玉米淀粉、奶粉、泡打粉倒在案板上，搅拌均匀。
2. 在中间开窝，加入细砂糖、蛋黄、黄油，将四周的面粉覆盖上去。
3. 将所有的材料揉匀，制成面团。
4. 将揉好的面团搓成长条，用刮板切成大小均匀的小段。
5. 将面团依次揉成圆形放入烤盘，轻轻压成饼状制成饼坯。
6. 将装有饼坯的烤盘放入烤箱内。
7. 上火调为160℃，下火也调为160℃，时间定为10分钟，烤至松脆。
8. 10分钟后，取出烤盘，将饼干放凉后装盘即可。

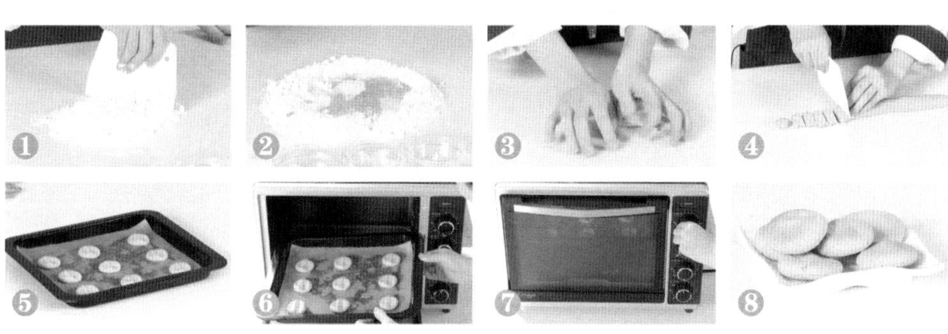

玛格丽特小饼干

参考分量：15块

◎ 原料 *Material*

低筋面粉100克，玉米淀粉100克，黄油100克，糖粉80克，盐2克，熟蛋黄30克

◎ 工具 *Tools*

刮板1个，烤箱1台

◎ 做法 *Directions*

1. 将低筋面粉和玉米淀粉倒在案板上，用刮板搅拌均匀。
2. 在中间开窝，倒入糖粉、黄油、盐、熟蛋黄。
3. 一边翻动一边按压，揉至面团均匀平滑。
4. 将揉好的面团搓成长条，用刮板切成大小一致的小段。
5. 将切好的小段揉圆，逐一放入备好的烤盘上。
6. 用拇指压在面团上，压出自然裂纹，制成饼坯，将剩余的面团依次用此法制成饼坯。
7. 将烤盘放入预热好的烤箱内。
8. 将烤箱温度调为上火170℃、下火160℃，时间定为20分钟，烤制成形。
9. 取出烤盘，待饼干稍凉后装盘即可。

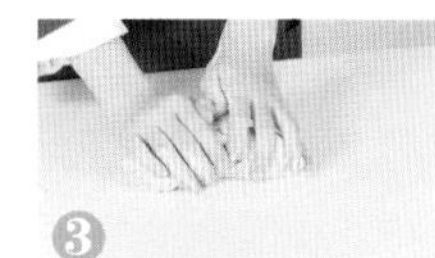
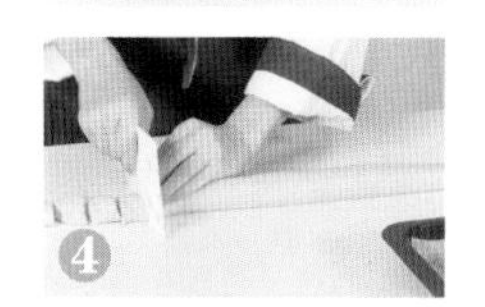

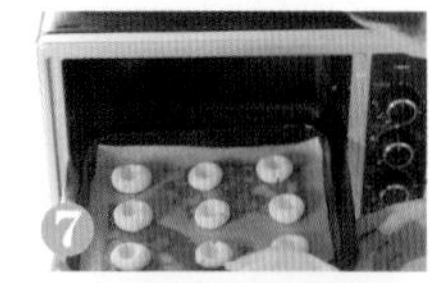
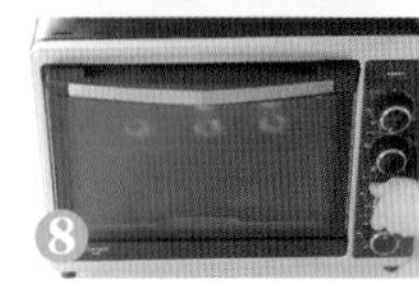

希腊可球

参考分量：20块

◉ 原料 *Ingredients*

黄油80克，糖粉45克，盐1克，蛋黄20克，低筋面粉100克，草莓果酱适量

◉ 工具 *Tools*

玻璃碗、电动搅拌器各1个，筷子1根，烤箱1台，烘焙纸1张

◉ 做法 *Directions*

1. 取一个容器，倒入黄油、糖粉，用电动搅拌器搅拌均匀。
2. 加入盐和蛋黄，搅拌片刻，倒入备好的低筋面粉，搅拌均匀。
3. 手上蘸少许干粉，取适量面团搓成圆形。
4. 将面团放入烤盘，用筷子蘸干粉，在面团顶端轻轻戳一个小洞。
5. 再用筷子蘸草莓果酱填入小洞内，做成希腊可球生坯，放入铺有烘焙纸的烤盘中。
6. 将烤盘放入预热5分钟的烤箱内，关上烤箱门。
7. 上火调为170℃，下火也调为170℃，时间定为15分钟，烤至松脆。
8. 待15分钟后，将烤盘取出，将烤好的饼干装盘即可。

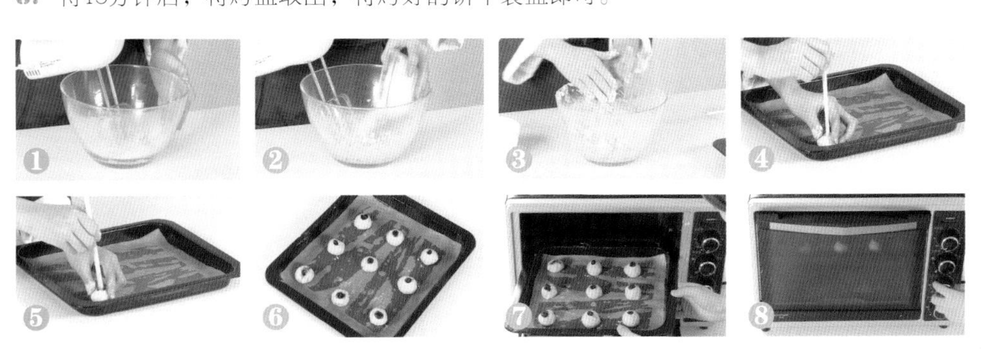

牛奶饼干

参考分量：32块

◉ 原料 *Ingredients* •

低筋面粉150克，糖粉40克，蛋白15克，黄油25克，淡奶油50克

◉ 工具 *Tools* •

刮板1个，擀面杖1根，烤箱1台，刀1把

◉ 做法 *Directions* •

1. 将低筋面粉倒在案板上，用刮板开窝。
2. 倒入糖粉、蛋白，搅拌片刻。
3. 加入黄油、淡奶油，边搅拌边按压使面团纯滑。
4. 将揉好的面团用擀面杖擀制成0.3厘米厚的面片。
5. 用刀将面片四周切齐，制成长方形的面皮。
6. 将修好的面皮切成大小一致的小长方形，制成饼干生坯。
7. 去掉多余的面皮，将饼干生坯放入备好的烤盘中。
8. 将烤盘放入预热好的烤箱内，以上、下火均为160℃的温度烤10分钟即可。

牛奶星星饼干

参考分量：18块

原料 *Ingredients*

低筋面粉100克，牛奶30毫升，奶粉15克，黄油80克，糖粉50克

工具 *Tools*

刮板1个，擀面杖1根，星形模具1个，烤箱1台

做法 *Directions*

1. 在案板上倒入低筋面粉、奶粉，用刮板拌匀开窝。
2. 倒入糖粉、黄油，拌匀。
3. 加入牛奶，混合均匀。
4. 刮入低筋面粉，混匀。
5. 将混合物搓揉成纯滑面团。
6. 在案板上撒少许低筋面粉，用擀面杖将面团擀成约半厘米厚的面饼。
7. 用模具在面饼上按压出数个星形饼坯。
8. 取出饼坯，装入烤盘内。
9. 将烤盘放入烤箱，设定上火160℃、下火160℃，烤15分钟至熟，取出装盘即可。

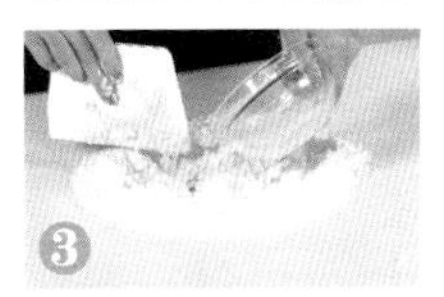
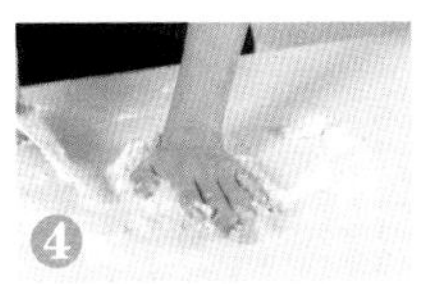
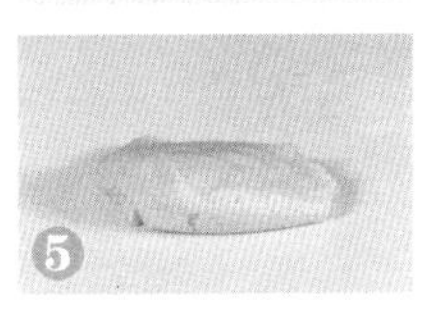

牛奶棒

参考分量：16根

◉ 原料 *Ingredients*

黄油70克，奶粉60克，鸡蛋1个，牛奶25毫升，中筋面粉250克，细砂糖80克，泡打粉2克

◉ 工具 *Tools*

刮板1个，保鲜膜1张，烤箱1台

◉ 做法 *Directions*

1. 将中筋面粉倒在案板上，加入奶粉以及泡打粉，用刮板拌匀，开窝。
2. 倒入细砂糖、鸡蛋，注入牛奶，放入黄油。
3. 慢慢和匀，使材料融在一起，再揉成面团。
4. 把面团覆上保鲜膜，擀平制成厚0.5厘米左右的面皮，冷藏约半小时。
5. 取冷藏好的面皮，撕去保鲜膜，再修齐边缘，将面皮分成约1厘米左右宽的长方条。
6. 将长方条放在烤盘中静置约10分钟，待用。
7. 烤箱预热，放入烤盘，关好烤箱，以上火170℃，下火160℃烤约15分钟至食材熟透。
8. 断电后取出烤盘，将烤熟的牛奶棒装盘即成。

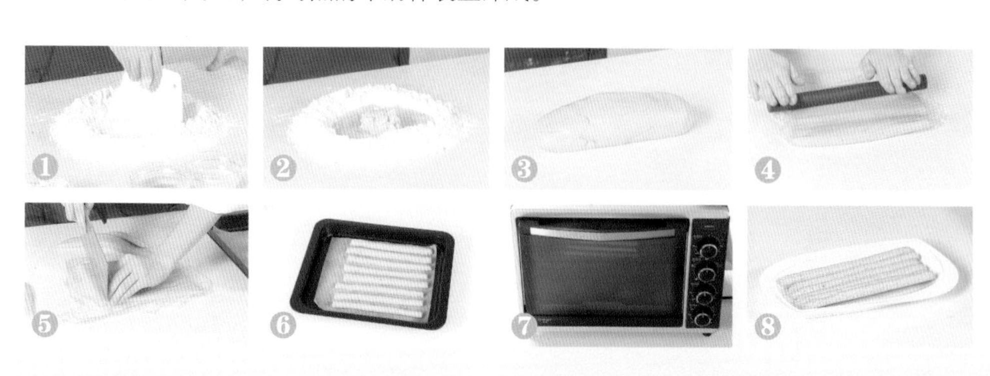

纽扣饼干

参考分量：23块

◉ 原料 *Ingredients*

低筋面粉120克，盐1克，细砂糖40克，黄油65克，牛奶35毫升，香草粉3克

◉ 工具 *Tools*

刮板1个，竹签1支，模具1个，擀面杖1根，烤箱1台

◉ 做法 *Directions*

1. 将低筋面粉倒在案板上，撒上盐，倒入香草粉，用刮板开窝。
2. 倒入细砂糖，注入牛奶，放入黄油。
3. 慢慢搅拌片刻，至材料完全融合在一起，再揉成面团。
4. 再用擀面杖把面团擀薄，制成约0.3厘米厚的面皮。
5. 取备好的模具压出饼干的形状，用竹签点上数个小孔。
6. 制成数个纽扣饼干生坯，装在烤盘中，摆整齐，待用。
7. 烤箱预热后放入烤盘，关好烤箱门，以上、下火均为160℃的温度烤约15分钟至熟。
8. 断电后取出烤盘，将烤熟的饼干装在盘中即可。

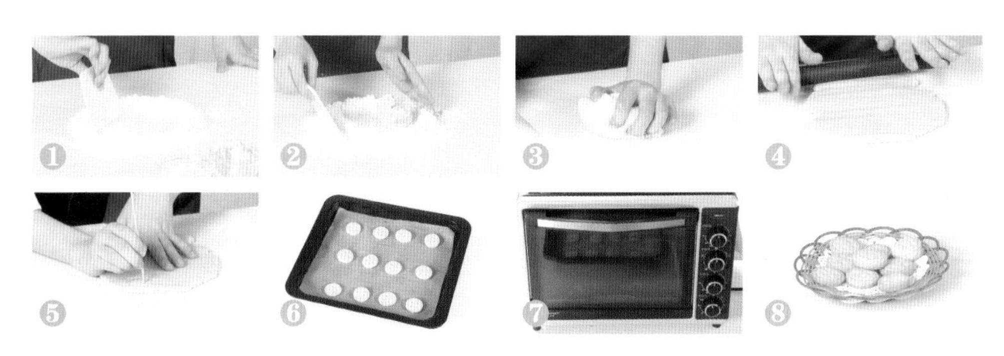

葡萄奶酥

参考分量：21块

◉ 原料 *Ingredients* •

低筋面粉195克，葡萄干60克，玉米淀粉15克，蛋黄45克，奶粉12克，黄油80克，细砂糖50克

◉ 工具 *Tools* •

刮板、擀面杖各1个，刀、刷子各1把，烤箱1台

◉ 做法 *Directions* •

1. 将低筋面粉铺在案板上，加入奶粉、玉米淀粉，搅拌均匀。
2. 把拌好的材料用刮板开窝，倒入细砂糖、蛋黄，搅拌均匀。
3. 倒入黄油，搅拌均匀，揉成面团。
4. 加入葡萄干，继续揉搓，然后用擀面杖将其擀成0.5厘米厚的片。
5. 把擀好的面片用刀切去边缘，再切成小方块。
6. 摆入烤盘中，刷上一层蛋黄。
7. 打开烤箱，将烤盘放入烤箱中。
8. 关上烤箱，以上火160℃、下火160℃的温度烤约15分钟至熟，取出装盘即可。

清爽柠檬饼干

参考分量：18块

◉ 原料 *Ingredients*

低筋面粉200克，黄油130克，糖粉100克，盐5克，柠檬皮碎10克，柠檬汁20毫升

◉ 工具 *Tools*

刮板1个，烘焙纸1张，烤箱1台

◉ 做法 *Directions*

1. 往案板上倒入低筋面粉和盐，用刮板拌匀，开窝。
2. 倒入糖粉、黄油，拌匀。
3. 加入柠檬皮碎和柠檬汁，刮入低筋面粉，混合均匀。
4. 将混合物搓揉成纯滑面团。
5. 逐一取适量面团，稍微揉圆。
6. 将揉好的小面团放入垫有烘焙纸的烤盘上，按压一下，制成圆饼生坯。
7. 将烤盘放入烤箱中，以上火160℃、下火160℃的温度烤15分钟至熟。
8. 取出烤盘，将烤好的饼干装盘即可。

猕猴桃小饼干

参考分量：14块

小巧玲珑的饼干外形格外讨喜
淡淡三色中透着质朴的趣味
散发着旧时光的气息
在不经意间
让人越来越眷恋
记忆中那份光亮的温暖
也使人越来越愿意相信
那些已逝去的久远记忆
终将以另一种方式回归心灵

◉ 原料 *Ingredients* •

低筋面粉275克，黄油150克，糖粉100克，鸡蛋50克，抹茶粉8克，可可粉5克，吉士粉5克，黑芝麻适量

◉ 工具 *Tools* •

刮板1个，擀面杖1根，烤箱1台，保鲜膜适量，高温布1块

◉ 做法 *Directions* •

1. 把低筋面粉倒在案板上，用刮板开窝。
2. 倒入糖粉，加入鸡蛋，搅拌均匀。
3. 加入黄油，将材料混合均匀，揉搓成面团。
4. 把面团分成三份，取其中一个面团，加入吉士粉，揉搓均匀；取另一个面团，加入可可粉，揉搓均匀；将最后一个面团加入抹茶粉，揉搓均匀。
5. 将吉士粉面团搓成条状。
6. 把抹茶粉面团擀成面皮，放入吉士粉面条，卷好。
7. 再裹上保鲜膜，放入冰箱，冷冻2小时至定型。
8. 取出冻好的面条，撕去保鲜膜。
9. 把可可粉面团擀成面皮。
10. 放入冻好的面条，裹好，制成三色面条，裹上适量保鲜膜，放入冰箱，冷冻2小时至定型。
11. 取出冻好的面条，撕去保鲜膜，再切成厚度均等的饼坯。
12. 把饼坯放入铺有高温布的烤盘里，在饼坯中心点缀适量黑芝麻。
13. 将烤盘放入烤箱，以上火170℃、下火170℃的温度烤15分钟至熟。
14. 取出烤好的饼干，装盘即可。

制作要点 *Tips*

揉搓材料时不需要过分用力，以免面团过硬，影响口感。

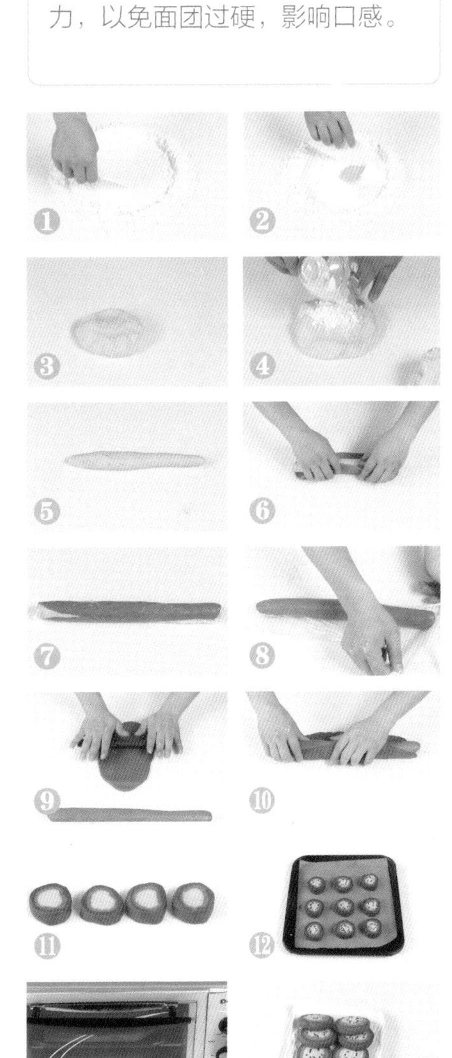

蔓越莓饼干

参考分量：17块

在神秘的印第安部落里
这红艳的果实代表营养，象征健康
我喜欢这古老的信仰里朝气蓬勃的希望
为我手中香甜的饼干
添一抹宝石般瑰丽的光芒

◉ 原料 *Ingredients* •

低筋面粉90克，蛋白20克，奶粉15克，黄油80克，糖粉30克，蔓越莓干适量

◉ 工具 *Tools* •

刮板1个，保鲜膜1张，刀1把，烤箱1台

◉ 做法 *Directions* •

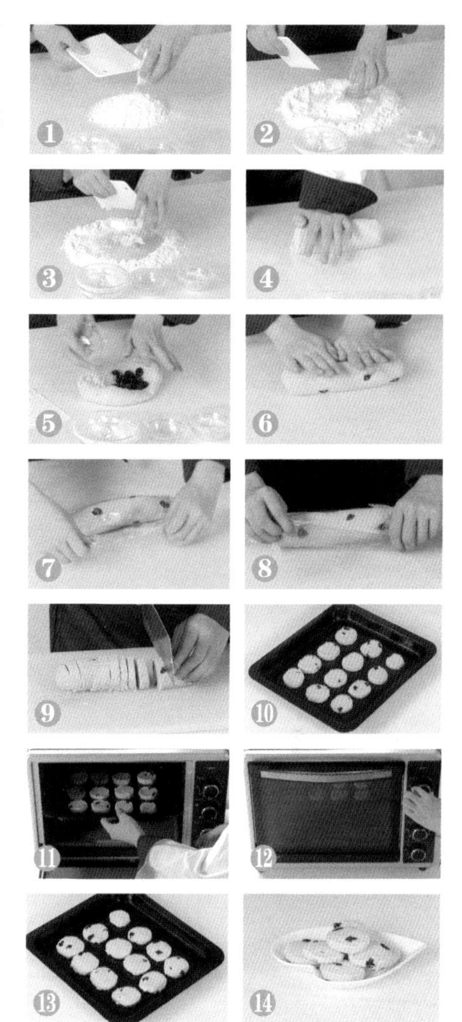

1. 将低筋面粉倒在案板上，加入奶粉，用刮板搅拌均匀。
2. 把材料均匀铺开，加入糖粉、蛋白，再搅拌均匀。
3. 倒入黄油。
4. 将铺开的低筋面粉按压成型。
5. 揉好面团后加入蔓越莓干。
6. 搓揉成长条。
7. 包上保鲜膜。
8. 放入冰箱中，冷冻约1小时，取出后拆下保鲜膜。
9. 将长条面团分切成数个约0.5厘米厚的饼干生坯。
10. 将分切好的饼干生坯放入烤盘摆好。
11. 将装有饼干生坯的烤盘放入已经预热好的烤箱中。
12. 关上烤箱，以上火160℃、下火160℃烤约15分钟至熟。
13. 断电，打开烤箱，取出烤盘，静置片刻，待其稍微冷却。
14. 把烤好的饼干装入盘中即可。

制作要点 *Tips*

将饼干生坯放入烤盘时，注意饼干之间的空隙要留大些，以免生坯膨胀后粘连在一起，影响成品的美观。

巧克力蔓越莓饼干

参考分量：19块

巧克力是一种神奇的存在
可匹配孩童的纯真甜蜜
可匹配女子的柔美娇娆
亦可匹配男子的厚实深沉
这款味美健康的巧克力饼干
可作理想的礼物
赠与所有可爱的人

◎ 原料 *Ingredients* •

低筋面粉90克，蛋白20克，奶粉15克，可可粉10克，黄油80克，糖粉30克，蔓越莓干适量

◎ 工具 *Tools* •

刮板1个，保鲜膜1张，刀1把，烤箱1台

◎ 做法 *Directions* •

1. 将低筋面粉、奶粉、可可粉倒在案板上，拌匀后铺开。
2. 倒入蛋白和糖粉，充分搅拌均匀。
3. 加入黄油，拌匀之后稍稍按压，使材料初步成型。
4. 加入备好的蔓越莓干。
5. 继续按压，使蔓越莓干均匀散开在面团中，然后把面团搓成长条状。
6. 将长条面团包上保鲜膜，放入冰箱中冷冻一个小时后取出，待用。
7. 拆开保鲜膜，把长条面团切成厚度约1厘米的饼干生坯。
8. 把饼干生坯装入烤盘中，摆好，彼此间留一些空隙。
9. 打开烤箱，将装有饼干生坯的烤盘放入预热5分钟的烤箱中。
10. 关上烤箱，以上火、下火均为170℃的温度，烤约20分钟至饼干熟透。
11. 断电，打开烤箱门，取出烤盘，稍稍静置片刻，待饼干冷却。
12. 将烤好的饼干装盘即可。

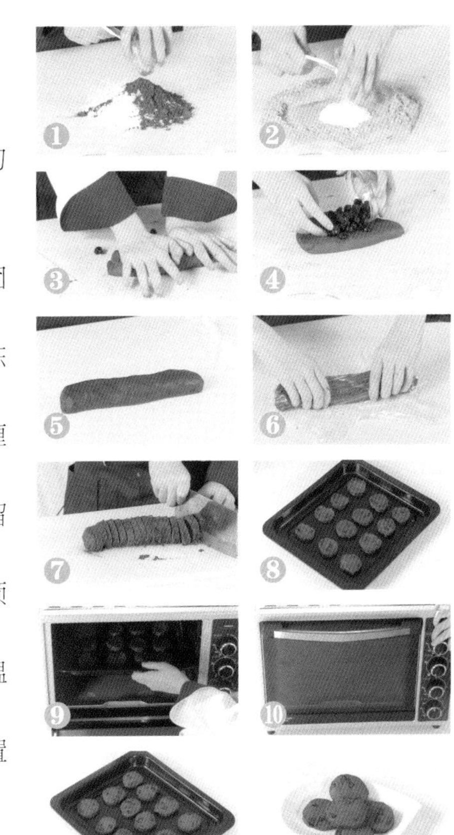

制作要点 *Tips*

黄油一定要软化到位，并打至膨松。若打发过度，会导致饼干过度膨胀，影响口感。另外，蔓越莓干要用红酒、朗姆酒或温水浸泡后沥干再使用，否则烘烤后会变得很干硬。

蔓越莓司康

● 参考分量：10块

◎ 原料 *Ingredients* •

黄油55克，细砂糖50克，高筋面粉250克，泡打粉17克，牛奶125毫升，蔓越莓干适量，低筋面粉50克，蛋黄1个

◎ 工具 *Tools* •

刮板1个，保鲜膜1张，刷子1把，擀面杖1根，烤箱1台，模具1个

◎ 做法 *Directions* •

1. 将高筋面粉、低筋面粉、泡打粉和匀，用刮板开窝。
2. 倒入细砂糖和牛奶，放入黄油。
3. 慢慢搅拌片刻，至材料完全融合在一起，再揉成面团。
4. 把面团铺开，放入蔓越莓干，揉搓片刻。
5. 用保鲜膜包好，擀成约1厘米厚的面皮，放入冰箱冷藏半小时。
6. 取冷藏好的面皮，撕去保鲜膜，再用模具制成数个蔓越莓司康生坯。
7. 放在烤盘中，摆放整齐，刷上一层蛋黄液，待用。
8. 烤箱预热，放入烤盘，关好烤箱门，以上、下火均为180℃的温度烤约20分钟至食材熟透。
9. 断电后取出烤盘，将烤熟的司康摆盘即成。

1

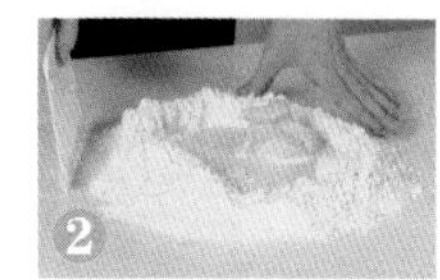
2

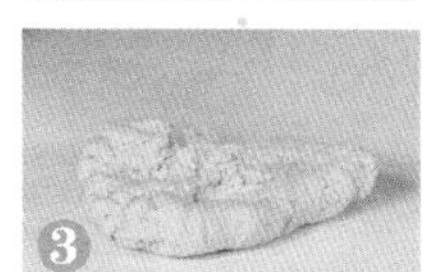
3

4

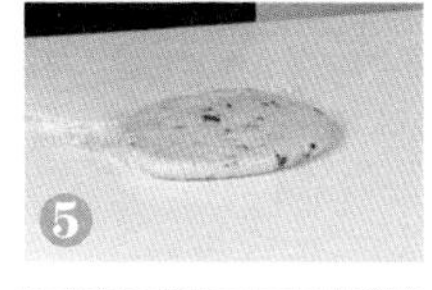
5

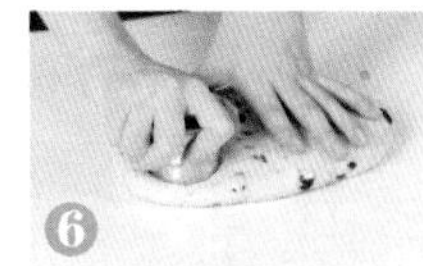
6

7

8

9

双色巧克力耳朵饼干

参考分量：17块

◉ 原料 *Ingredients*

糖粉65克，低筋面粉200克，黄油130克，可可粉8克

◉ 工具 *Tools*

刮板、筛网各1个，擀面杖1根，烤箱1台，刀1把，保鲜膜适量

◉ 做法 *Directions*

1. 把黄油、糖粉倒在案板上混合均匀，倒入低筋面粉，用刮板拌匀，反复按压，揉搓成面团。
2. 撒入少许低筋面粉，将面团揉搓成长条。
3. 用刮板切开面团，取一半，倒入可可粉混合均匀，搓成长条。
4. 撒入少许低筋面粉，将面团压扁，擀平，制成巧克力面皮。
5. 将另一半面团擀平，放上巧克力面皮，用刀将边缘切整齐。
6. 卷成卷，揉搓成长条状，切去两端不平整的部分，对半切开。
7. 分别用保鲜膜包好，放入冰箱，冷冻30分钟。
8. 取出冷冻好的材料，撕开保鲜膜，切成厚度为0.5厘米的饼干坯，放入烤盘中。
9. 将烤盘放入烤箱，以上、下火均180℃的温度烤15分钟至熟。

制作要点 *Tips*

搓揉面团时，如果觉得面团太黏手，可以撒少许面粉。建议在较温暖的室内制作，否则面团易干硬。

巧克力奇普饼干

● 参考分量：18块

◉ 原料 *Ingredients* •

低筋面粉100克，黄油60克，红糖30克，细砂糖、蛋黄、核桃碎各20克，巧克力豆50克，小苏打4克，盐、香草粉各2克

◉ 工具 *Tools* •

玻璃碗1个，电动搅拌器1个，烤箱1台，高温布1块

◉ 做法 *Directions* •

1. 取一个容器，倒入黄油、细砂糖，用电动搅拌器略微搅几下，再加入蛋黄拌匀。
2. 加入红糖、小苏打、盐、香草粉，充分搅拌均匀。
3. 加入低筋面粉，搅拌均匀，再加入核桃碎、巧克力豆，继续搅拌片刻。
4. 手上蘸干粉，取适量面团，搓圆。
5. 将搓好的面团放入铺有高温布的烤盘，轻轻按压，制成饼状。
6. 将剩余的面团依次制成大小一致的饼坯。
7. 将烤盘放入预热好的烤箱内，关好烤箱门。
8. 将上、下火均调为160℃，时间定为15分钟，烤至饼干松脆。
9. 待15分钟后，将烤盘取出，将饼干装盘即可。

巧克力豆饼干

参考分量：18块

◎ 原料 *Ingredients*

低筋面粉150克，蛋黄25克，可可粉40克，糖粉90克，黄油90克，巧克力豆适量

◎ 工具 *Tools*

刮板1个，烤箱1台

◎ 做法 *Directions*

1. 将低筋面粉和可可粉倒在案板上，用刮板搅拌均匀。
2. 在搅拌好的材料中开窝，倒入糖粉、蛋黄，并搅拌均匀。
3. 加入黄油，一边搅拌一边按压，将食材充分搅拌均匀。
4. 将揉好的面团搓成条，取一块揉成圆球。
5. 揉好的面团依次蘸上巧克力豆，再放入备好的烤盘内，轻轻按压成饼状。
6. 将剩余的面团依次用此方法制成饼坯。
7. 将装有饼坯的烤盘放入预热好的烤箱内。
8. 将上火温度调为170℃，下火也同样调为170℃，烘烤15分钟至熟透，取出装盘即可。

圣诞饼干

● 参考分量：18块

◉ 原料 *Ingredients* •

色拉油50毫升，细砂糖125克，红糖50克，牛奶45毫升，姜粉2克，肉桂粉2克，低筋面粉275克，全麦面粉50克

◉ 工具 *Tools* •

刮板1个，叉子1个，擀面杖1根，烤箱1台

◉ 做法 *Directions* •

1. 将低筋面粉倒在案板上，铺开，加入全麦面粉、姜粉、肉桂粉，用刮板开窝。
2. 倒入细砂糖、红糖，注入色拉油和牛奶。
3. 慢慢和匀，使材料融在一起，再揉成面团。
4. 用擀面杖将面团擀薄，制成0.3厘米厚的面皮。
5. 切开成数个长方块的饼干生坯。
6. 用叉子在生坯上扎出图案。
7. 在烤盘中摆放整齐，静置约10分钟，待用。
8. 烤箱预热，放入烤盘，关好烤箱门，以上下火同为170℃的温度烤约15分钟至食材熟透。
9. 断电后取出烤盘，将烤熟的饼干摆盘即可。

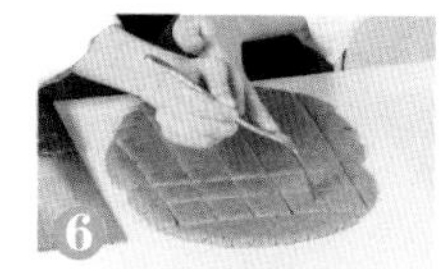

格子松饼

参考分量：12块

◎ 原料 *Ingredients*

蛋黄60克，蛋白60克，细砂糖75克，黄油35克，低筋面粉180克，泡打粉5克，鲜奶200克，盐2克

◎ 工具 *Tools*

玻璃碗2个，电动搅拌器、长柄刮板、三角铁板各1个，松饼机1台

◎ 做法 *Directions*

1. 取一个玻璃碗，加入蛋白和细砂糖，用电动搅拌器打发。
2. 另备一个玻璃碗，倒入黄油、蛋黄，搅拌均匀。
3. 加入低筋面粉，打匀，再加入泡打粉、鲜奶、盐，继续打匀。
4. 将打好的蛋白部分倒入蛋黄，用刮板搅拌均匀，制成面糊。
5. 备好松饼机，调至150℃，预热2分钟。
6. 将适量面糊倒入松饼机内，加热至开始冒泡。
7. 盖上松饼机盖，等待1分钟至松饼成型。
8. 掀开盖，将烤好的松饼取出，分切装盘即可。

第三章

香滑蛋糕，休闲假日的随心甜品

无论是生日、节日，还是闺蜜间的一次平常聚会，
美味的蛋糕从不缺席。
比起饼干的香脆可口、面包的朴实松软，
蛋糕更多了几分精致，也多了几分浪漫。
为重要的人亲手奉上这份精致浪漫，
也是一种无法言喻的幸福。
本章将为您介绍多款不同风味的蛋糕，
同时还会详尽地解说所制蛋糕的配方、工具和做法。
现在就跟着小厨娘一起亲手制作属于自己的美味蛋糕，
用心来迎接这份甜蜜体验。

年轮蛋糕

参考分量：6个

味道有时会让人想起
童年的某个巷口
青春的某条街道
当时的某人
多年后再次品尝年轮蛋糕
唇齿之间是牛奶与糖的甜
留下的是内心的丰盈与感动
愿我们在彼此不相见的岁月里熠熠生辉

◉ 原料 *Ingredients*

蛋黄30克，低筋面粉100克，色拉油30毫升，牛奶120毫升，蛋白60克，细砂糖125克，蜂蜜10克，糖浆适量

◉ 工具 *Tools*

玻璃碗2个，电动搅拌器、长柄刮板、搅拌器各1个，筷子1根，刷子、蛋糕刀各1把，煎锅1个

◉ 做法 *Directions*

1. 把蛋黄倒入玻璃碗中，加入低筋面粉，用搅拌器搅拌。
2. 加入色拉油搅拌成糊状。
3. 倒入牛奶快速搅拌均匀。
4. 加入蜂蜜，搅拌均匀成纯滑的面浆。
5. 取另一玻璃碗，倒入细砂糖，加入蛋白，用电动搅拌器快速搅拌至泡沫状。
6. 准备好面浆和打发好的蛋白。
7. 将面浆和蛋白混合，用长柄刮板将其搅拌均匀。
8. 煎锅烧热，倒入适量蛋白面浆。
9. 用小火煎至定型，呈圆饼状。
10. 翻面，煎至焦黄色。
11. 盛出煎好的蛋糕，用刷子刷一层糖浆。
12. 再制作两块蛋糕，同样刷上糖浆。
13. 用一根筷子将蛋糕卷成圆筒状。
14. 再逐一卷上余下两块蛋糕。
15. 抽去筷子，用蛋糕刀把卷好的蛋糕切成小块。
16. 将切好的蛋糕装盘即可。

制作要点 *Tips*

卷蛋糕的时候，应将颜色较深的一面朝上，这样卷出来的蛋糕切成小块，外观看起来更像圆木上的一层层年轮。

蔓越莓蛋糕卷

参考分量：4个

蔓越莓生长于贫瘠的土壤
经过数年潜心积淀
为人们奉献出红艳甘甜的果实
抚慰疲惫的心灵
不管生活中有多少崎岖泥泞的道路
都要努力跨过去
相信在那之后
一定会有生命中的美好降临

◉ 原料 *Ingredients* •

蛋白、蛋黄各60克，纯净水30毫升，食用油30毫升，塔塔粉30克，低筋面粉70克，玉米淀粉55克，细砂糖30克，泡打粉2克，蔓越莓干、果酱各适量

◉ 工具 *Tools* •

玻璃碗2个，电动搅拌器、搅拌器、刮板、长柄刮板各1个，木棍1根，抹刀、蛋糕刀各1把，烤箱1台，烘焙纸、白纸各1张

制作要点 *Tips*

撒蔓越莓干的时候最好撒得均匀点，蛋糕会更美观。

◉ 做法 *Directions* •

1. 取一个容器，倒入蛋黄、纯净水、食用油、低筋面粉，用搅拌器拌匀。
2. 加入玉米淀粉、细砂糖、泡打粉，用搅拌器搅拌均匀。
3. 另取一个容器，加入蛋白、细砂糖、塔塔粉，用电动搅拌器打发至鸡尾状。
4. 将打发好的蛋白部分加入到蛋黄里，搅拌均匀。
5. 烤盘铺上烘焙纸，均匀撒上蔓越莓干。
6. 用刮板将搅拌好的面糊刮入烤盘，至八分满。
7. 将烤盘放入已经预热好的烤箱内，关好箱门。
8. 将上火调为180℃，下火调为160℃，时间定为20分钟，烤至蛋糕松软。
9. 20分钟后取出烤盘，静置放凉。
10. 用长柄刮板将蛋糕跟烤盘分离，将蛋糕倒在案台的白纸上。
11. 将另一端的白纸盖上，把蛋糕翻面，用抹刀均匀抹上果酱。
12. 将木棍垫在蛋糕的一端，轻轻提起，慢慢将蛋糕卷成卷。
13. 卷好后将烘焙纸去除，用蛋糕刀将两头不整齐的地方切除。
14. 用蛋糕刀将蛋糕切成大小均匀的蛋糕卷，装盘即可。

提子蛋卷

参考分量：6个

年少时简简单单的喜欢
就像提子的酸遇见蛋糕的甜
柔软、青涩，却又甜蜜
十七岁只有一次
但美好的回忆
如同这熟悉的味道
在心底深处被永远小心收藏

◉ 原料 *Ingredients* •

蛋白140克，细砂糖110克，塔塔粉2克，蛋黄60克，纯净水30毫升，食用油30毫升，低筋面粉70克，玉米淀粉55克，细砂糖30克，泡打粉2克，提子干、草莓果酱适量

◉ 工具 *Tools* •

玻璃碗2个，电动搅拌器、刮板、搅拌器、长柄刮板各1个，烘焙纸、白纸各1张，木棍1根，抹刀、蛋糕刀各1把，烤箱1台

◉ 做法 *Directions* •

1. 取一个容器，倒入蛋黄、纯净水、食用油、低筋面粉，用搅拌器拌匀。
2. 再加入玉米淀粉、细砂糖、泡打粉，用搅拌器搅拌均匀。
3. 另取一个容器，加入蛋白、细砂糖、塔塔粉，用电动搅拌器打至鸡尾状。
4. 将拌好的蛋白部分加入到蛋黄里，搅拌均匀。
5. 在烤盘上铺一层烘焙纸，均匀地撒上提子干。
6. 将搅拌好的面糊倒入烤盘，至八分满。
7. 将烤盘放入已经预热好的烤箱内，关好烤箱门。
8. 将上火调为180℃，下火调为160℃，时间定为20分钟，烤至蛋糕松软。
9. 20分钟后，取出烤盘，静置放凉。
10. 用刮板将蛋糕与烤盘分离，将蛋糕倒在案台的白纸上。
11. 将另一端的白纸盖上，把蛋糕翻面。
12. 用抹刀均匀抹上草莓果酱。
13. 将木棍垫在蛋糕一端，轻轻提起，慢慢将蛋糕卷成卷。
14. 卷好后将白纸去除，用蛋糕刀切除蛋糕两头不整齐的地方，再切成蛋卷即可。

制作要点 *Tips*

卷蛋糕的时候力道不要太大，以免蛋糕碎裂。

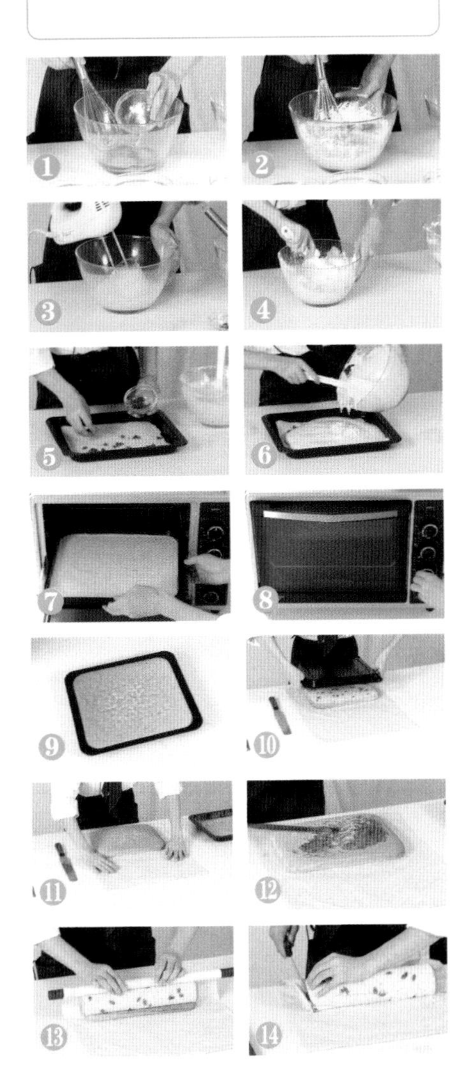

栗子蛋糕

参考分量：6个

金秋栗子香飘四溢
总能在渐凉的季节带来温暖
使人想起孩提时糖炒栗子的味道
时光变迁
彼时的孩子长大成人
彼时的大人慢慢老去
这香甜饱满的果实
与回忆中的旧日好时光一起
充盈着心灵

◉ 原料 *Ingredients* •

蛋白140克，细砂糖140克，塔塔粉30克，蛋黄70克，低筋面粉70克，玉米淀粉55克，纯净水30毫升，色拉油30毫升，泡打粉2克，栗子馅、香橙果酱各适量

◉ 工具 *Tools* •

玻璃碗2个，刮板、长柄刮板、搅拌器、电动搅拌器各1个，剪刀、蛋糕刀、抹刀各1把，裱花袋1个，烘焙纸、白纸1张，烤箱1台

◉ 做法 *Directions* •

1. 将蛋黄和30克细砂糖倒入容器中，用搅拌器拌匀。
2. 加入低筋面粉、玉米淀粉、泡打粉拌匀。
3. 加入纯净水、色拉油，拌匀后待用。
4. 另备容器，倒入蛋白、110克细砂糖、塔塔粉，用电动搅拌器打发至鸡尾状。
5. 用刮板将食材刮入容器中，搅拌均匀。
6. 准备烤盘，垫上一层烘焙纸。
7. 拌好的材料倒入烤盘至八分满，铺平。
8. 烤盘入烤箱中以上火180℃、下火160℃的温度，烤20分钟至熟。
9. 取出烤盘，用长柄刮板刮松蛋糕边缘。
10. 将蛋糕倒在白纸上，撕掉上层烘焙纸。
11. 将蛋糕翻面摆好，用抹刀将香橙果酱均匀地抹在蛋糕上。
12. 木棍放到白纸下方，将蛋糕慢慢卷起。
13. 将卷好的蛋糕稍静置，使之固定成型。
14. 把栗子馅放进裱花袋，挤压均匀。
15. 蛋糕成型后，用蛋糕刀切去两端，再用剪刀在裱花袋尖端剪去约1厘米长度。
16. 把栗子馅挤在蛋糕上，将蛋糕切开装盘即可。

制作要点 *Tips*

抹香橙果酱时，不要抹太厚，以免影响蛋糕的口感。

香草蛋糕卷

参考分量：4个

淡淡香草味
七分醇甜，三分酸涩
恰如年少时许下的愿望
历经岁月却不曾褪色
带着这份隽永香气
回首来时的路
展望将踏上的征途

◉ 原料 *Ingredients* •

蛋白140克，细砂糖75克，塔塔粉3克，蛋黄60克，牛奶、食用油各40毫升，低筋面粉65克，香草粉5克，香橙果酱适量

◉ 工具 *Tools* •

玻璃碗2个，电动搅拌器、长柄刮板、搅拌器各1个，抹刀、蛋糕刀各1把，烘焙纸、白纸各1张，烤箱1台，木棍1根

◉ 做法 *Directions* •

1. 取一个干净的容器，倒入蛋黄、牛奶、低筋面粉、食用油。
2. 再加入香草粉、20克细砂糖，用搅拌器搅拌均匀。
3. 另取一个干净的容器，加入蛋白、55克细砂糖、塔塔粉，用电动搅拌器搅打至呈鸡尾状。
4. 将拌好的蛋白部分加入到蛋黄部分里，用长柄刮板搅拌均匀。
5. 烤盘上铺一层烘焙纸，将搅拌好的面糊倒入烤盘，倒至六分满。
6. 将烤盘放入已经预热好的烤箱内，关好烤箱门。
7. 将上火调为180℃，下火调为160℃，时间定为20分钟，烤至蛋糕松软。
8. 待20分钟后，取出烤盘，静置放凉。
9. 用长柄刮板将蛋糕与烤盘分离，将蛋糕倒在案台的白纸上。
10. 将另一端的白纸盖上，把蛋糕翻面。
11. 撕去底部的烘焙纸，用抹刀均匀地抹上香橙果酱。
12. 将木棍垫在蛋糕的一端，轻轻提起，慢慢地将蛋糕卷成卷。
13. 卷好后将烘焙纸去除，用蛋糕刀将两头不整齐的地方切除。
14. 用蛋糕刀将蛋糕切成大小均匀的蛋糕卷，装盘即可。

制作要点 *Tips*

蛋白可以分次加入，能更好地搅拌均匀，使蛋糕更松软。

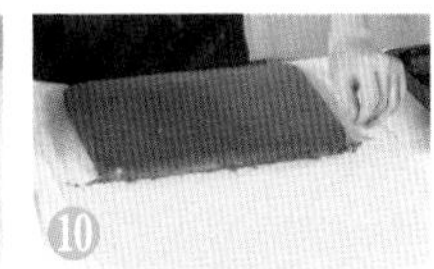

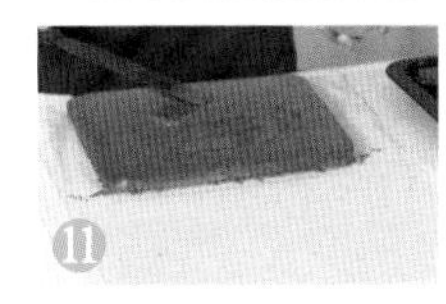

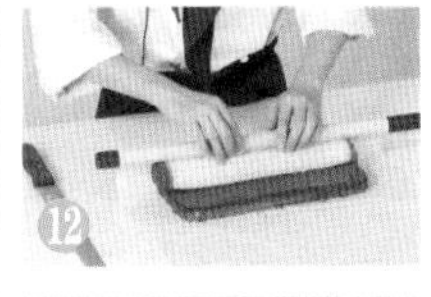

瑞士蛋卷

参考分量：6个

午后阳光暖暖地透过玻璃窗户
是时候补充能量了
果酱的酸酸甜甜
搭配着鸡蛋的香气
一杯元气满满的牛奶
配一份酥软鲜美的瑞士蛋卷
有时候生活就是简单得如此美丽

◉ 原料 *Ingredients* •

鸡蛋200克，色拉油37毫升，低筋面粉125克，细砂糖110克，纯净水50毫升，蛋糕油10克，蛋黄、果酱各适量

◉ 工具 *Tools* •

玻璃碗、电动搅拌器、裱花袋、长柄刮板、抹刀各1个，烘焙纸、白纸各1张，剪刀、蛋糕刀各1把，筷子、木棍各1根，烤箱1台

◉ 做法 *Directions* •

1. 将细砂糖倒入玻璃碗中，加入鸡蛋，用电动搅拌器搅拌均匀。
2. 加入备好的低筋面粉、蛋糕油，反复搅拌均匀。
3. 加入纯净水和色拉油，搅拌成纯滑面浆。
4. 把充分搅拌好的面浆倒入垫有烘焙纸的烤盘中。
5. 用长柄刮板将面浆抹平。
6. 把果酱装入裱花袋里，用剪刀在尖端剪开一个小口，将果酱挤在面浆表面。
7. 再用一根筷子在面浆表面轻轻划上几道竖痕，形成波浪花纹，准备烘烤。
8. 烤箱中放入烤盘，上火调为170℃，下火调为170℃，烘烤时间设为15分钟。
9. 把烤好的蛋卷皮取出。
10. 脱模，把蛋卷皮放在案板的白纸上。
11. 撕掉蛋卷皮底部的烘焙纸。
12. 用抹刀在蛋卷皮上均匀抹上一层果酱。
13. 用木棍从底部将蛋卷皮卷成圆筒状。
14. 用蛋糕刀把蛋卷分切成大小均匀的小块，装盘即可。

制作要点 *Tips*

可根据个人喜好，来决定挤在面浆表面上的果酱量。

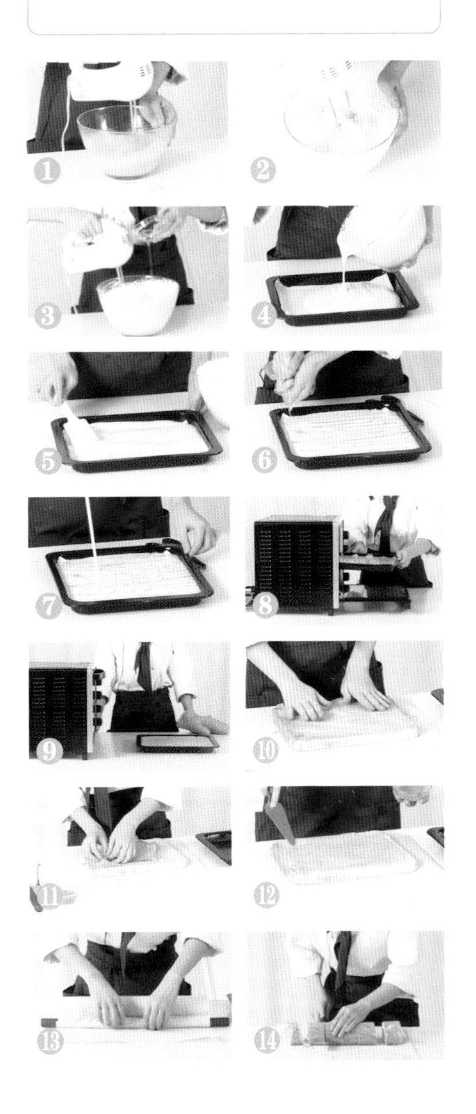

咖啡卷

参考分量：4个

当浓烈馥郁的朗姆酒
遇见细致醇厚的咖啡
芬芳甜润的酒香中糅合着几许咖啡的苦涩
生活总是需要惊喜的调剂
才能多滋多味
停下匆忙赶路的脚步
才能发现身边的风景

◉ 原料 *Ingredients* •

蛋黄80克，细砂糖100克，牛奶60毫升，色拉油45毫升，低筋面粉115克，朗姆酒10毫升，咖啡粉10克，蛋白210克，塔塔粉3克，香橙果酱适量

◉ 工具 *Tools* •

玻璃碗2个，长柄刮板、搅拌器、电动搅拌器各1个，蛋糕刀、抹刀各1把，木棍1根，烤箱1台，烘焙纸、白纸各1张

◉ 做法 *Directdons* •

1. 将蛋黄和20克细砂糖倒入容器中，用搅拌器拌匀。
2. 加入低筋面粉和咖啡粉，拌匀。
3. 倒入牛奶、色拉油、朗姆酒，拌匀备用。
4. 另备一个容器，倒入蛋白、80克细砂糖、塔塔粉、香橙果酱，用电动搅拌器拌匀。
5. 用长柄刮板将食材刮入前一个的容器中，搅拌均匀。
6. 烤盘垫上烘焙纸，倒入食材至八分满。
7. 将烤盘放入烤箱中，以上火、下火均为170℃的温度烤约20分钟至熟。
8. 取出烤盘。
9. 用长柄刮板将蛋糕边缘刮松。
10. 把蛋糕倒上白纸的一端，撕下烘焙纸。
11. 将蛋糕翻面摆好。
12. 用抹刀将香橙果酱均匀地抹上蛋糕。
13. 将一根木棍放到白纸下方，慢慢卷起，把蛋糕制成卷状。
14. 卷好的蛋糕静置几分钟，使之固定成型。
15. 用蛋糕刀将蛋糕切去两端，切成小段。
16. 将做好的咖啡卷摆好盘即可。

制作要点 *Tips*

用抹刀在蛋糕上抹香橙果酱时不要太用力，以免弄破蛋糕。

法式海绵蛋糕

参考分量：8个

半日闲暇
几点巧思
即可将最寻常的材料
变身成为浓香四溢的美味
亲切简单，浑然天成
埋藏着儿时的回忆

◉ 原料 *Ingredients* •

鸡蛋240克，低筋面粉200克，细砂糖150克，黄油50克，蛋糕油10克

◉ 工具 *Tools* •

玻璃碗、电动搅拌器、长柄刮板、刮板各1个，蛋糕刀1把，烘焙纸、白纸各1张，烤箱1台

◉ 做法 *Directions* •

1. 把鸡蛋倒入玻璃碗中，加入细砂糖。
2. 用电动搅拌器快速搅拌均匀。
3. 加入低筋面粉和蛋糕油。
4. 快速搅拌均匀。
5. 加入黄油。
6. 快速搅拌均匀。
7. 搅拌成纯滑的面浆。
8. 把面浆倒在垫有烘焙纸的烤盘里。
9. 用长柄刮板抹平整。
10. 取烤箱，放入面浆。
11. 关上烤箱门，将上火调为180℃，下火调为180℃，烘烤时间设为20分钟，开始进行烘烤。
12. 打开箱门，取出烤好的蛋糕。
13. 脱模，把蛋糕放在案板铺好的白纸上。
14. 撕掉蛋糕底部的烘培纸。
15. 将蛋糕翻面。
16. 用刀将蛋糕边缘切齐整，然后切成小块即可。

制作要点 *Tips*

蛋糕烤好取出，趁热更容易将底部的烘焙纸撕去。撕的时候动作要轻、慢，以保持蛋糕的完整外观。

蜂蜜海绵蛋糕

参考分量：4个

生活就是一首悠扬惬意的诗
美味在左，诗意在右
如同蜂蜜的甜，洒落在松软的海绵蛋糕上
甜蜜而愉悦
在每一个清风徐来的早晨
或每一个时光静谧的午后
滋养你的心房

◉ 原料 *Ingredients* •

鸡蛋200克，蛋黄45克，细砂糖130克，盐3克，蜂蜜40克，纯净水40毫升，高筋面粉125克

◉ 工具 *Tools* •

玻璃碗、电动搅拌器、长柄刮板各1个，烘焙纸、白纸各1张，蛋糕刀1把，烤箱1台

◉ 做法 *Directions* •

1. 取一个玻璃碗，倒入鸡蛋、蛋黄、细砂糖，用电动搅拌器打发搅拌至起泡。
2. 加入盐搅拌均匀，倒入高筋面粉，充分搅拌均匀。
3. 分次加入蜂蜜，加入的同时，一边搅拌均匀。
4. 再分次加入纯净水，将所有的食材充分搅拌均匀制成面糊。
5. 烤盘上铺上烘焙纸，将搅拌好的面糊倒入烤盘。
6. 将烤盘放入已经预热5分钟的烤箱内，关好烤箱门。
7. 上火调为170℃，下火调为170℃，时间定为20分钟，烤至蛋糕松软。
8. 20分钟后，取出烤盘，静置放凉。
9. 用长柄刮板将蛋糕同烤盘分离，将蛋糕倒在白纸上。
10. 撕去蛋糕底部的烘焙纸。
11. 将蛋糕四周不整齐的地方切掉。
12. 再将剩余的蛋糕切出自己喜欢的形状，装入盘中，淋上蜂蜜即可。

制作要点 *Tips*

全蛋的打发在40℃左右的温度下比较容易，所以在打发全蛋的时候，可以把打蛋盆放入热水里加温，这样可使全蛋更容易打发。另外，脱模的时候一定将四周完全戳松，会更易倒出。

格格蛋糕

参考分量：6个

生活没有那么多的奇遇
更多的是平平淡淡的感动
在一成不变的日子里
用心去感受那些点点滴滴
一切就如这块简单的格格蛋糕
在平凡的岁月中
也能找到属于自己的精彩

◉ 原料 *Ingredients* •

鸡蛋250克，白糖112克，低筋面粉170克，小苏打、泡打粉各2克，蛋糕油4克，色拉油47克，纯净水46毫升，奶粉5克，蜂蜜12克，牛奶38毫升

◉ 工具 *Tools* •

玻璃碗、电动搅拌器、刮板各1个，烘焙纸、白纸各1张，蛋糕刀1把，烤箱1台

◉ 做法 *Directions* •

1. 取一个玻璃碗，放入白糖，倒入备好的鸡蛋。
2. 用电动搅拌器快速搅拌片刻，打至鸡蛋四成发。
3. 倒入低筋面粉、小苏打、泡打粉，撒上奶粉，拌匀。
4. 放入蛋糕油，拌匀，至食材充分融合。
5. 注入纯净水，一边注入一边搅拌。
6. 再慢慢倒入牛奶，搅拌均匀。
7. 淋入备好的色拉油，搅拌均匀，直至材料柔滑。
8. 倒入垫有烘焙纸的烤盘中，铺开摊平，待用。
9. 烤箱预热5分钟，放入烤盘。
10. 关好烤箱门，以上、下火均为160℃的温度烤约20分钟，至食材熟透。
11. 断电后取出蛋糕，放在案台的白纸上，放凉后去除烘焙纸。
12. 用蛋糕刀均匀切上条形花纹，食用时分成小块即可。

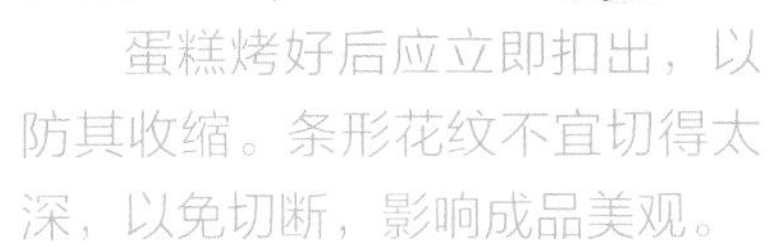

制作要点 *Tips*

蛋糕烤好后应立即扣出，以防其收缩。条形花纹不宜切得太深，以免切断，影响成品美观。

椰蓉果酱蛋糕

参考分量：9个

拥有不一样的心情
就能品出不一样的味道
当椰蓉的浓香遇见果酱的纯美
你品尝到的是甜，是酸
还是从从容容的细腻呢

◉ 原料 *Ingredients* •

蛋糕部分 鸡蛋120克，低筋面粉60克，纯净水20毫升，黄油50克，细砂糖60克

装饰部分 细砂糖35克，黄油100克，椰蓉、果酱各适量

◉ 工具 *Tools* •

玻璃碗、电动搅拌器、长柄刮板、圆形模具、裱花袋、裱花嘴各1个，剪刀、蛋糕刀、刷子各1把，烘焙纸、白纸各1张，烤箱1台

◉ 做法 *Directions* •

蛋糕部分的做法

1. 将鸡蛋倒入玻璃碗中，再放入细砂糖搅拌均匀。
2. 倒入低筋面粉和黄油快速搅拌均匀。
3. 加入纯净水快速拌匀，搅成纯滑面浆。
4. 把面浆倒在垫有烘焙纸的烤盘里，用长柄刮板抹平。
5. 烤箱中放入面浆，以上火160℃、下火160℃的温度烘烤15分钟。
6. 把烤好的蛋糕取出脱模，将蛋糕放在案板的白纸上。
7. 轻轻撕去蛋糕底部的烘焙纸。
8. 用圆形模具压出两块蛋糕。

装饰部分的做法

9. 把两块蛋糕叠在一起，用刷子在边缘刷上一层果酱，蘸上椰蓉。
10. 按照相同的方法制作数个蛋糕。
11. 将细砂糖倒入玻璃碗中，加入黄油搅拌成糊状。
12. 把裱花嘴套在裱花袋尖角处。
13. 将搅匀的细砂糖和黄油装入裱花袋里。
14. 用剪刀在裱花袋尖角处沿着裱花嘴剪一小口。
15. 将搅拌均匀的细砂糖和黄油挤在蛋糕顶部四周围成圈。
16. 再逐一放上适量果酱即可。

抹茶蜂蜜蛋糕

● 参考分量：4个

◉ 原料 *Ingredients* •

鸡蛋160克，蛋糕油10克，细砂糖100克，高筋面粉35克，低筋面粉65克，抹茶粉5克，牛奶4毫升，蜂蜜10克

◉ 工具 *Tools* •

玻璃碗、电动搅拌器、长柄刮板各1个，蛋糕刀1把，烘焙纸1张，烤箱1台

◉ 做法 *Directions* •

1. 取一个玻璃碗，倒入细砂糖、鸡蛋，用电动搅拌器搅至起泡。
2. 倒入高筋面粉、低筋面粉、抹茶粉，充分搅拌均匀。
3. 分次加入蛋糕油，边倒入边搅拌。
4. 再分次加入牛奶、蜂蜜，将所有食材充分搅拌均匀制成面糊。
5. 烤盘上铺一层烘焙纸，将搅拌好的面糊倒入烤盘。
6. 将烤盘放入预热好的烤箱内，关好烤箱门。
7. 以上、下火均为170℃的温度烤20分钟，至面糊松软。
8. 取出烤盘，静置放凉，用长柄刮板将蛋糕同烤盘分离，将蛋糕倒在烘焙纸上。
9. 将蛋糕四周不整齐的地方切掉即可。

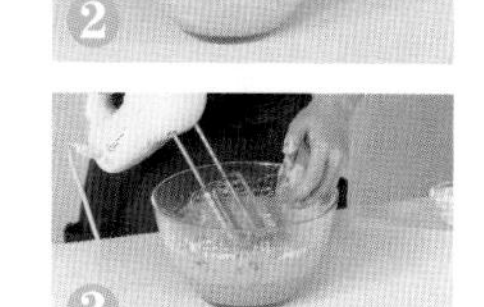

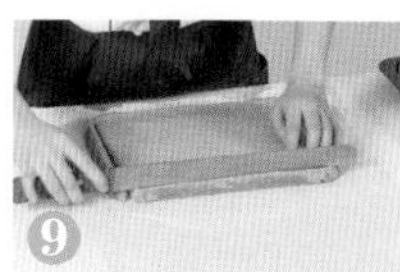

原味戚风蛋糕

参考分量：1个

原料 *Ingredients*

蛋白140克，细砂糖140克，塔塔粉2克，蛋黄60克，纯净水30毫升，食用油30毫升，低筋面粉70克，玉米淀粉55克，泡打粉2克

工具 *Tools*

玻璃碗、电动搅拌器、搅拌器、长柄刮板、圆形模具各1个，蛋糕刀1把，烤箱1台，烘焙纸1张

做法 *Directions*

1. 取一个容器，加入蛋黄、纯净水、食用油、低筋面粉。
2. 再加入玉米淀粉、110克细砂糖、泡打粉，搅拌均匀。
3. 另取一个容器，加入备好的蛋白、30克细砂糖、塔塔粉，用电动搅拌器打发成鸡尾状。
4. 将拌好的蛋白部分加入到蛋黄里，搅拌均匀。
5. 烤盘上铺上烘焙纸，将搅拌好的面糊倒入模具中，至六分满。
6. 将圆形模具放入已预热5分钟的烤箱内，上火调为180℃，下火调为160℃，烤25分钟。
7. 待25分钟后，取出烤盘放凉。
8. 用刀贴着模具四周将蛋糕跟模具分离，装盘即可。

北海道戚风蛋糕

参考分量：6个

如初雪般轻盈
如初遇般甜蜜
好像从北海道越洋而来
清新甘醇的风
为等待的心
带去世间最柔软温暖的致意

◉ 原料 *Ingredients*

蛋黄部分 低筋面粉75克，泡打粉2克，细砂糖25克，色拉油40毫升，蛋黄75克，牛奶30毫升

蛋白部分 蛋白150克，细砂糖120克，塔塔粉2克，鸡蛋1个，牛奶150毫升，低筋面粉10克，玉米淀粉7克，黄油7克，淡奶油100克

◉ 工具 *Tools*

玻璃碗3个，长柄刮板1个，搅拌器、电动搅拌器各1个，勺子1个，剪刀1把，裱花袋1个，蛋糕纸杯4个，烤箱1台

◉ 做法 *Directions*

蛋黄部分的做法

1. 将细砂糖、蛋黄倒入玻璃碗中，用搅拌器搅拌均匀。
2. 加入低筋面粉、泡打粉，用搅拌器搅拌均匀。
3. 倒入牛奶拌匀，再倒入色拉油拌匀。

蛋白部分的做法

4. 准备一个玻璃碗，加入90克细砂糖，与蛋白和塔塔粉用刮板拌匀。
5. 将食材与前面容器中的食材再次拌匀。
6. 另备一个玻璃碗，倒入鸡蛋和30克细砂糖，打发起泡。
7. 加入低筋面粉和玉米淀粉。
8. 倒入黄油、淡奶油、牛奶，一起拌匀。
9. 将拌好的食材装入蛋糕纸杯中。
10. 将蛋糕纸杯放入烤盘中待用。
11. 打开烤箱，将烤盘放入烤箱中。
12. 关上烤箱，以上火180℃、下火160℃的温度烤约15分钟至熟。
13. 取出烤盘。
14. 将拌好的馅料装入裱花袋中，压匀后在裱花袋尖端用剪刀剪去约1厘米长度。
15. 把馅料挤在蛋糕表面。
16. 将做好的蛋糕装盘即可。

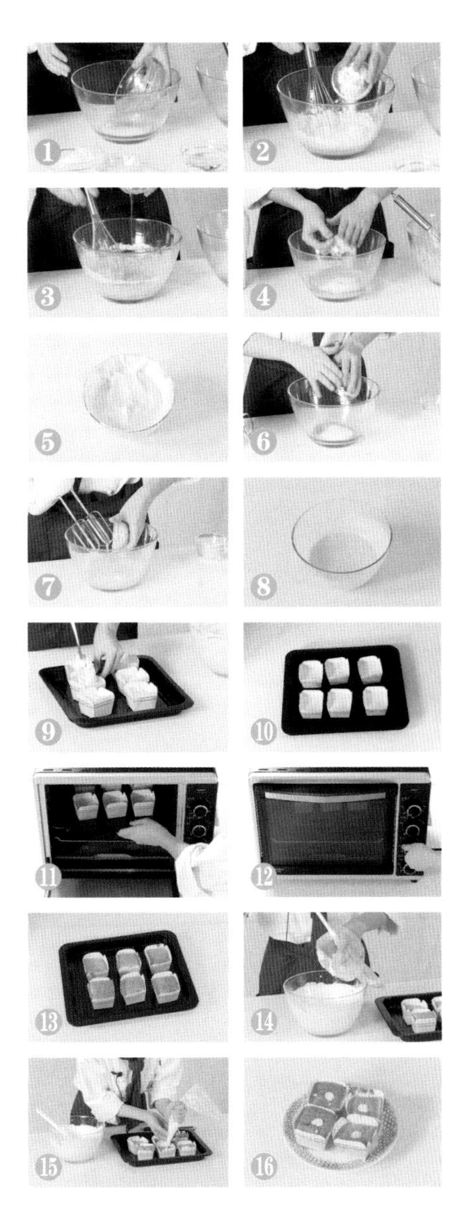

水果蛋糕

● 参考分量：1个

◉ 原料 *Material* •

戚风蛋糕1个，香橙果酱、提子、猕猴桃、蓝莓、打发好的植物奶油、巧克力片各适量

◉ 工具 *Tools* •

蛋糕转盘1个，蛋糕刀、抹刀、小刀各1把

◉ 做法 *Directions* •

1. 用小刀将洗净的提子对半切开，剔籽。
2. 洗净的猕猴桃去皮，切成片状待用。
3. 将戚风蛋糕放在蛋糕转盘上，用蛋糕刀横向对半切开。
4. 将上面部分取下，用抹刀均匀抹上一层植物奶油。
5. 把另一部分盖上，倒入剩下的植物奶油。
6. 用抹刀将植物奶油均匀地涂抹到蛋糕上，四面抹至平滑。
7. 倒入香橙果酱，抹匀，使果酱自然流下。
8. 用蛋糕刀切进蛋糕的底部，托起蛋糕，装盘。
9. 将巧克力片插在蛋糕上做好造型，再将备好的提子、蓝莓、猕猴桃放在蛋糕上作为装饰即可。

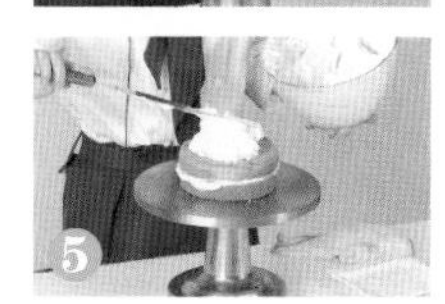

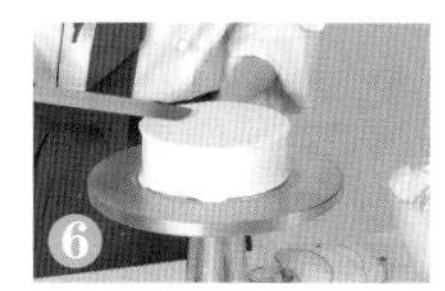

香橙蛋糕

参考分量：1个

◉ 原料 *Ingredients*

鸡蛋150克 ，细砂糖88克，蛋糕油10克，高筋面粉40克，低筋面粉50克，牛奶40毫升，香橙色香油3克，色拉油50毫升

◉ 工具 *Tools*

玻璃碗、电动搅拌器、长柄刮板、圆形模具各1个，烤箱1台

◉ 做法 *Directions*

1. 将细砂糖和鸡蛋倒入玻璃碗中，用电动搅拌器搅拌至起泡。
2. 加入高筋面粉、低筋面粉、蛋糕油，拌匀。
3. 一边搅拌，一边倒入牛奶，并加入色拉油。
4. 加入香橙色香油。
5. 用长柄刮板拌匀待用。
6. 把拌好的材料倒入圆形模具中，约六分满即可。
7. 打开烤箱，将圆形模具放入烤箱中。
8. 关上烤箱，以上火160℃、下火160℃的温度烤约20分钟至熟。
9. 取出模具，稍凉后将蛋糕脱模，装盘即可。

制作要点 *Tips*

从圆形模具中取蛋糕时动作要轻慢，以免弄破蛋糕影响美观。

舒芙蕾

参考分量：4个

人生漫长数十载，许多东西都在不经意间悄然溜走
比如青春，比如初恋时的甜蜜悸动
将它们一并寄托在此时手中这份柔软甜蜜的舒芙蕾
细细品味它慢慢融化在口中的滋味
幸福稍纵即逝
美味不可多得

原料 *Ingredients*

细砂糖50克，蛋黄45克，淡奶油40克，芝士250克，玉米淀粉25克，蛋白110克，塔塔粉2克，细砂糖50克，糖粉适量

工具 *Tools*

刮板、搅拌器、电动搅拌器、勺子、滤网、玻璃碗、奶锅各1个，舒芙蕾杯2个，烤箱1台

做法 *Directions*

1. 将细砂糖和淡奶油倒进奶锅中，开小火煮至溶化。
2. 加入芝士，搅拌至溶化后关火待用。
3. 将蛋黄和玉米淀粉倒入容器中，充分搅拌均匀。
4. 倒入已经煮好的材料，用搅拌器充分搅拌均匀，待用。
5. 另备容器，将蛋白、塔塔粉、细砂糖倒入容器中。
6. 用电动搅拌器拌匀打发至呈鸡尾状。
7. 用刮板将食材刮入前面的容器中，搅拌均匀。
8. 把拌好的食材倒入备好的舒芙蕾杯中，约至八分满即可。
9. 将模具杯放入烤盘，在烤盘中加入少许清水。
10. 打开已经预热5分钟的烤箱，将烤盘放入烤箱中。
11. 关上烤箱，以上、下火均为180℃的温度烤约30分钟至熟。
12. 取出烤盘，将烤好的舒芙蕾装入盘中。
13. 准备过滤网，将糖粉过滤，撒到烤好的舒芙蕾上。
14. 稍放凉后即可食用。

制作要点 *Tips*

烤盘中不要加入太多的水，能覆盖住底面即可。

尝一口香甜的蛋糕
品一杯淡淡的清茶
最幸福的事情
莫过于每天与你共度
这段轻松惬意的时光

脆皮蛋糕

参考分量：4个

◉ 原料 *Ingredients* •

鸡蛋3个，细砂糖125克，纯净水125毫升，蛋糕油10克，低筋面粉85克，芝士粉6克，泡打粉3克，色拉油少许

◉ 工具 *Tools* •

玻璃碗、电动搅拌器各1个，蛋糕杯4个，刷子1把，烤箱1台

◉ 做法 *Directions* •

1. 取一个玻璃碗，倒入鸡蛋和细砂糖。
2. 用电动搅拌器将碗里的鸡蛋和细砂糖快速搅拌均匀。
3. 再加入低筋面粉、泡打粉、芝士粉。
4. 用电动搅拌器将其搅拌均匀。
5. 加入适量纯净水，再次搅拌均匀。
6. 倒入蛋糕油。
7. 用电动搅拌器快速搅拌，将所有食材搅成纯滑面浆。
8. 取数个蛋糕杯，用刷子逐个刷上一层色拉油，备用。
9. 往蛋糕杯中装入适量面浆，约八分满即可。
10. 将蛋糕杯放入烤盘中。
11. 将放有蛋糕杯的烤盘放入烤箱。
12. 关上烤箱门，将上火调为210℃，下火调为170℃，烘烤时间设为15分钟，烘烤至蛋糕成型。
13. 打开烤箱门，将烤好的蛋糕取出。
14. 将蛋糕脱模装盘即可。

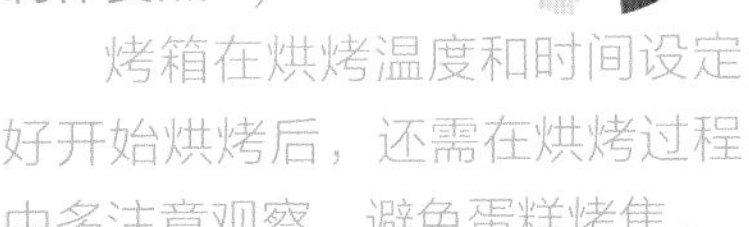

制作要点 *Tips*

烤箱在烘烤温度和时间设定好开始烘烤后，还需在烘烤过程中多注意观察，避免蛋糕烤焦。

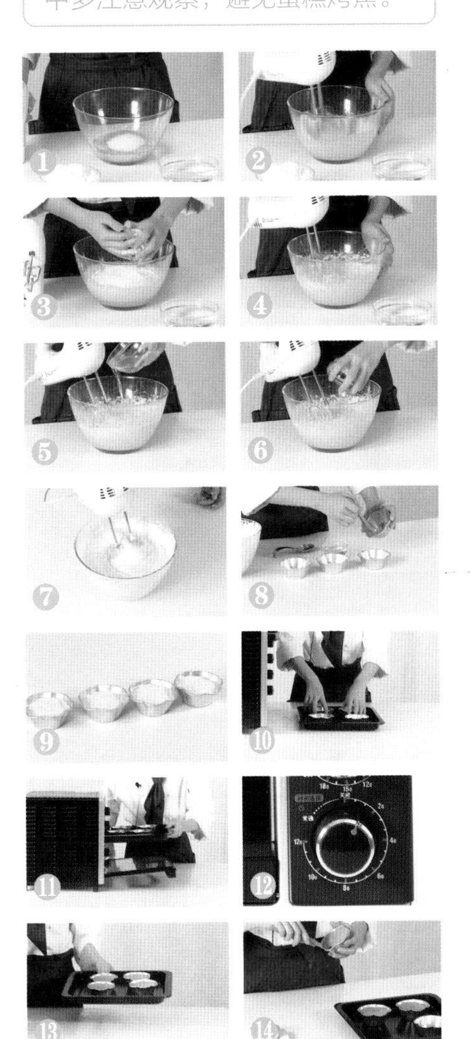

无水蛋糕

参考分量：4个

生命是一趟旅程
不断地有人同行或离开
不断地有人得到或失去
于是有人习惯简单，有人变得复杂
其实最真实的滋味才是生活原本的面目
尝一口无水蛋糕
品一次令人怀念的纯粹味道
不忘初心，方得始终

◉ 原料 *Ingredients* •

低筋面粉100克，细砂糖100克，鸡蛋2个，色拉油100克，泡打粉4克

◉ 工具 *Tools* •

玻璃碗、电动搅拌器各1个，蛋糕杯4个，刷子1把，烤箱1台

◉ 做法 *Directions* •

1. 取一个玻璃碗，倒入鸡蛋和细砂糖。
2. 用电动搅拌器将鸡蛋和细砂糖快速搅拌均匀。
3. 倒入备好的低筋面粉和泡打粉，反复搅拌均匀。
4. 加入适量备好的色拉油。
5. 将所有材料搅成纯滑的面浆。
6. 取4个蛋糕杯，用刷子逐一在内壁刷上一层色拉油。
7. 将准备好的面浆装入蛋糕杯中，装约8分满即可。
8. 将装有面浆的蛋糕杯一起放入烤盘中。
9. 再将放有蛋糕杯的烤盘放入烤箱里，准备烘烤。
10. 关上烤箱门，将烤箱上火调为170℃，下火调为170℃，烘烤时间设为15分钟，开始烘烤。
11. 打开烤箱门，把烤好的蛋糕取出。
12. 把烤好的蛋糕脱模，装盘即可。

制作要点 *Tips*

蛋糕杯的深度不宜过大，否则蛋糕不易烘烤，蛋糕的表面也容易被烤煳、烤焦。此外，在给蛋糕杯刷色拉油的时候，注意要刷得均匀一些，这样才能防止面浆粘住蛋糕杯。

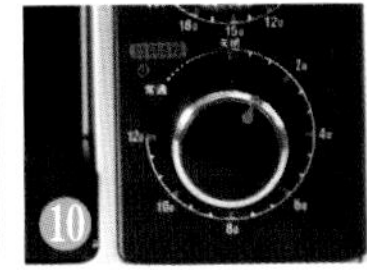

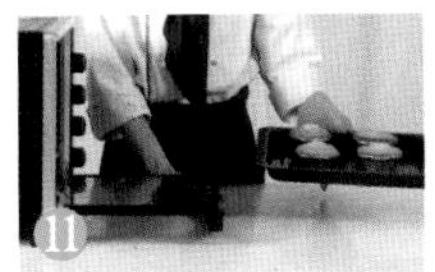

巧克力杯子蛋糕

● 参考分量：6个

◉ 原料 *Ingredients* •

低筋面粉100克，细砂糖100克，色拉油100毫升，鸡蛋100克，可可粉10克，泡打粉5克

◉ 工具 *Tools* •

玻璃碗、电动搅拌器、长柄刮板、裱花袋各1个，剪刀1把，蛋糕纸杯4个，烤箱1台

◉ 做法 *Directions* •

1. 将鸡蛋和细砂糖倒入备好的容器中，搅拌均匀。
2. 加入低筋面粉、可可粉、泡打粉，继续搅拌。
3. 分次倒入色拉油，同时搅拌均匀，待用。
4. 用长柄刮板将拌好的材料装入裱花袋中，压匀，并用剪刀在裱花袋尖端剪去约1厘米。
5. 将蛋糕纸杯放入烤盘，依次挤入裱花袋中的材料，至六分满。
6. 打开烤箱，将烤盘放入烤箱中。
7. 关上烤箱，以上火180℃、下火160℃的温度烤约20分钟至熟。
8. 取出烤盘。
9. 把烤好的蛋糕装盘即可。

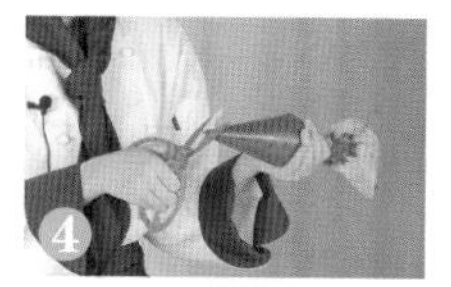
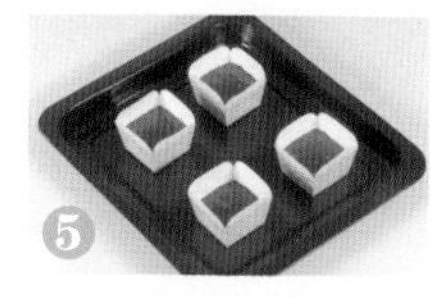
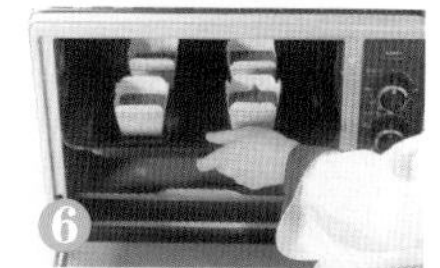

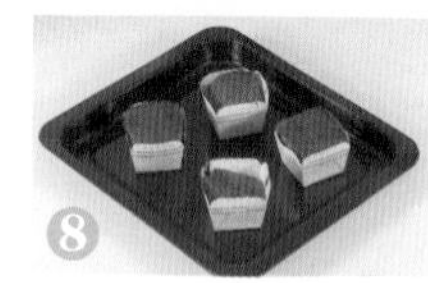

超软巧克力蛋糕

参考分量：6个

◉ 原料 *Ingredients*

低筋面粉85克，可可粉10克，黄油60克，细砂糖85克，鸡蛋1个，牛奶80毫升，盐1克，泡打粉2.5克，小苏打1.5克

◉ 工具 *Tools*

玻璃碗、裱花袋、电动搅拌器各1个，剪刀1把，蛋糕纸杯4个，烤箱1台

◉ 做法 *Directions*

1. 将细砂糖、黄油倒入容器中，用电动搅拌器搅拌均匀。
2. 加入鸡蛋搅散，撒上可可粉，拌匀。
3. 倒入盐拌匀，放入泡打粉拌匀，再倒入小苏打拌匀。
4. 放入低筋面粉，拌匀，再分次注入牛奶，一边注入一边搅拌，制成面糊。
5. 取一个裱花袋，盛入拌好的面糊，收紧袋口，在尖端剪出一个小孔。
6. 将面糊挤入纸杯中，至六分满，制成蛋糕生坯。
7. 烤箱预热后放入蛋糕生坯。
8. 关好烤箱门，以上火180℃、下火160℃的温度，烤15分钟至熟，取出即可。

蓝莓玛芬

● 参考分量：4个

◉ 原料 *Ingredients* •

低筋面粉100克，细砂糖30克，泡打粉6克，盐1.5克，蛋黄15克，牛奶80毫升，色拉油30毫升，蓝莓适量

◉ 工具 *Tools* •

玻璃碗、长柄刮板各1个，电动搅拌器、烤箱各1台，蛋糕纸杯4个

◉ 做法 *Directions* •

1. 取玻璃碗，倒入蛋黄、细砂糖，用电动搅拌器搅拌均匀。
2. 加入盐和泡打粉。
3. 稍搅拌拌一下混合物。
4. 倒入低筋面粉，用电动搅拌器搅拌均匀。
5. 倒入色拉油，一边倒一边搅拌均匀。
6. 缓缓加入牛奶，不停搅拌。
7. 倒入洗净的蓝莓，慢速搅拌均匀，制成蛋糕浆。
8. 将拌好的蛋糕浆逐一用长柄刮板刮入纸杯中，至六分满。
9. 将蛋糕纸杯放入烤盘，入烤箱以上火180℃、下火160℃的温度烤熟即可。

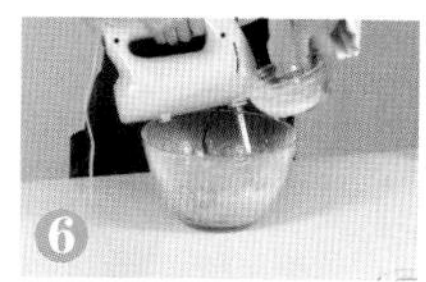

蔓越莓玛芬蛋糕

参考分量：4个

◉ 原料 *Ingredients*

低筋面粉100克，细砂糖30克，泡打粉6克，盐1.25克，鸡蛋20克，牛奶80毫升，色拉油30毫升，蔓越莓酱40克

◉ 工具 *Tools*

剪刀1把，蛋糕纸杯4个，玻璃碗、裱花袋、电动搅拌器各1个，烤箱1台

◉ 做法 *Directions*

1. 将细砂糖、鸡蛋倒入容器中，搅拌均匀，至糖分溶化。
2. 加入泡打粉搅拌后撒盐拌匀，再加入低筋面粉拌匀，然后分次倒入牛奶，继续搅拌。
3. 倒入色拉油，一边倒一边搅拌，使材料充分融合。
4. 加入备好的蔓越莓酱，拌匀至材料成细滑的面糊，待用。
5. 取一个裱花袋，盛入拌好的面糊，收紧袋口，并在袋底用剪刀剪出一个小孔。
6. 将面糊挤入纸杯中，至六分满，制成蛋糕生坯。
7. 烤箱预热，放入蛋糕生坯，以上、下火均为200℃的温度烤约15分钟至材料熟透。
8. 断电后取出烤熟的蛋糕摆盘即可。

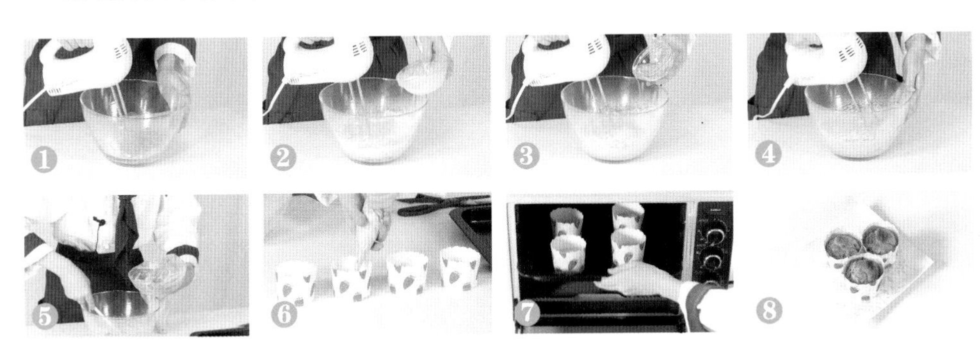

草莓香草玛芬

●参考分量：4个

朗姆酒的热烈

草莓香草的活力

酸甜的味道带来关于青春的回忆

青春如雨后的大地

万物生长

如盛开的夏花

[illegible]烂绚丽

◉ 原料 *Ingredients* •

鸡蛋2个，细砂糖80克，香草粉15克，盐2克，黄油150克，朗姆酒5毫升，牛奶300毫升，低筋面粉200克，泡打粉5克，燕麦片60克，切瓣草莓片适量

◉ 工具 *Tools* •

玻璃碗1个，长柄刮板1把，电动搅拌器1个，烤箱1台，蛋糕模具1个，蛋糕纸杯4个

◉ 做法 *Directions* •

1. 取一个玻璃碗，倒入鸡蛋和细砂糖，用电动搅拌器搅拌均匀。
2. 加入适量黄油，将其与鸡蛋和细砂糖搅拌均匀。
3. 倒入适量盐和泡打粉，搅拌均匀。
4. 加入香草粉和低筋面粉，再次用电动搅拌器搅拌均匀。
5. 缓缓加入牛奶，并不停搅拌均匀。
6. 淋入少许朗姆酒，一边倒入一边搅拌。
7. 再加入适量燕麦片，充分搅拌均匀。
8. 制成蛋糕浆。
9. 备好蛋糕模具，放入与模具符合的蛋糕纸杯。
10. 用长柄刮板将拌好的蛋糕浆逐一刮入纸杯中，约至七分满。
11. 将蛋糕模具放入烤箱，以上火200℃、下火200℃的温度，烤20分钟至熟。
12. 取出蛋糕模具，将蛋糕装盘，逐一放上切瓣草莓片即可。

制作要点 *Tips*

如果是给儿童食用，可不添加朗姆酒。此外，打发鸡蛋的时候最好用中速打发，否则容易溅出。鸡蛋一经打发必须尽快使用，因为停留的时间一久，蛋的膨胀能力就会逐渐消失。

脱脂奶水果玛芬

参考分量：6个

◉ 原料 *Ingredients*

盐2克，低筋面粉140克，细砂糖60克，脱脂牛奶125毫升，黄油50克，鸡蛋1个，什锦水果粒适量

◉ 工具 *Tools*

玻璃碗1个，长柄刮板1把，电动搅拌器1个，烤箱1台，蛋糕模具1个，蛋糕纸杯6个

◉ 做法 *Directions*

1. 取一个玻璃碗，倒入鸡蛋、细砂糖，用电动搅拌器搅拌均匀。
2. 加入黄油搅匀。
3. 放入盐和低筋面粉，搅拌均匀。
4. 加入脱脂牛奶，一边加入一边搅拌，制成蛋糕浆。
5. 备好蛋糕模具，放入蛋糕纸杯。
6. 用长柄刮板将拌好的蛋糕浆逐一刮入纸杯中至七分满，制成蛋糕生坯。
7. 将什锦水果粒逐一放在蛋糕生坯上。
8. 将蛋糕模具放入烤箱中，以上火200℃、下火200℃的温度，烤20分钟至熟即可。

提子玛芬

参考分量：4个

◉ 原料 *Ingredients*

鸡蛋4个，糖粉160克，牛奶40毫升，低筋面粉270克，黄油150克，泡打粉5克，提子适量

◉ 工具 *Tools*

玻璃碗1个，长柄刮板1把，电动搅拌器、烤箱各1台，蛋糕纸杯4个

◉ 做法 *Directions*

1. 取一个玻璃碗，倒入鸡蛋和糖粉，用电动搅拌器搅拌均匀。
2. 加入黄油，搅拌均匀。
3. 倒入泡打粉和低筋面粉，再次搅拌均匀。
4. 加入牛奶，一边加入一边搅拌。
5. 倒入提子拌匀，制成蛋糕浆。
6. 取蛋糕纸杯放在烤盘上，用长柄刮板将拌好的蛋糕浆逐一刮入纸杯中至七分满。
7. 将烤盘放入烤箱，以上火180℃、下火160℃的温度烤15分钟至熟。
8. 取出烤盘，将烤好的蛋糕装盘即可。

葡萄干玛芬

● 参考分量：4个

◉ 原料 *Material* •

鸡蛋4个，糖粉160克，盐3克，黄油150克，牛奶40毫升，低筋面粉270克，泡打粉8克，葡萄干适量

◉ 工具 *Tools* •

玻璃碗1个，长柄刮板1把，电动搅拌器1个，烤箱1台，蛋糕纸杯4个

◉ 做法 *Directions* •

1. 取一个玻璃碗，倒入鸡蛋和糖粉，用电动搅拌器搅拌均匀。
2. 加入黄油，搅拌均匀。
3. 倒入盐、泡打粉、低筋面粉，搅拌均匀。
4. 加入牛奶，一边加入一边搅拌均匀。
5. 倒入葡萄干。
6. 搅匀制成蛋糕浆。
7. 取数个蛋糕纸杯，用长柄刮板将拌好的蛋糕浆逐一刮入纸杯中至七八分满。
8. 备好烤盘，放入纸杯。
9. 烤盘入烤箱，以上火180℃、下火160℃的温度烤15分钟即可。

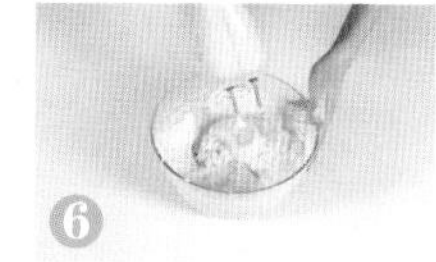

猕猴桃巧克力玛芬

参考分量：2个

原料 Ingredients

低筋面粉100克，泡打粉3克，可可粉15克，蛋白30克，细砂糖80克，色拉油50毫升，牛奶65毫升，猕猴桃果肉适量

工具 Tools

玻璃碗1个，长柄刮板1把，电动搅拌器1个，烤箱1台，蛋糕纸杯2个

做法 Directions

1. 取一个玻璃碗，加入蛋白、细砂糖，用电动搅拌器打发。
2. 加入可可粉、泡打粉、低筋面粉，搅拌均匀。
3. 淋入色拉油，一边倒一边搅拌。
4. 缓缓加入牛奶，不停搅拌。
5. 制成蛋糕浆。
6. 取数个蛋糕纸杯，用长柄刮板将拌好的蛋糕浆逐一刮入纸杯中至六、七分满。
7. 在蛋糕纸杯中放入切成小块的猕猴桃果肉。
8. 纸杯放入烤盘后，放入烤箱中，以上火180℃、下火160℃的温度烤15分钟至熟即可。

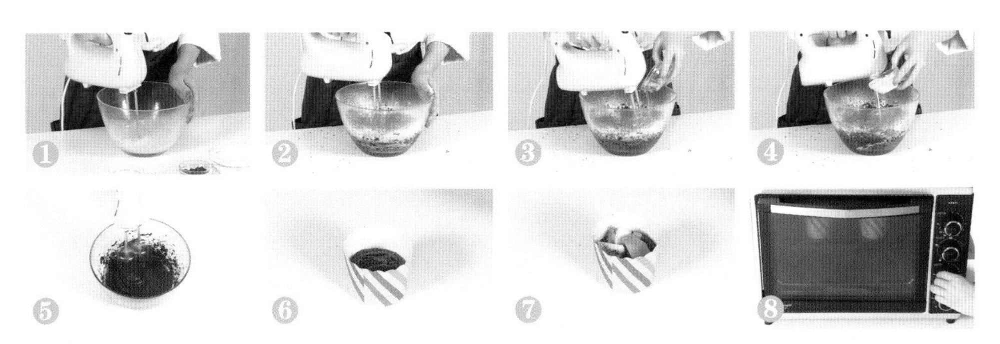

咖啡提子玛芬

参考分量：6个

咖啡和提子干
香草和牛奶
懂得制作浪漫的人
更懂得欣赏生活
不去品尝
又如何知道下一个甜品是什么味道呢

◉ 原料 *Ingredients* •

低筋面粉150克，酵母3克，咖啡粉150克，香草粉10克，牛奶150毫升，细砂糖100克，鸡蛋2个，色拉油10毫升，提子干适量

◉ 工具 *Tools* •

玻璃碗1个，长柄刮板1把，电动搅拌器1个，烤箱1台，蛋糕模具1个，蛋糕纸杯6个

制作要点 *Tips*

咖啡味苦，可依个人喜好，适当增减咖啡粉的用量。此外，将已经拌好的蛋糕浆刮进纸杯的时候最好使用长柄刮板，但注意不要刮入太满，以免烘焙时蛋糕溢出杯面。

◉ 做法 *Directions* •

1. 取一个玻璃碗，倒入鸡蛋、细砂糖，用电动搅拌器搅拌均匀。
2. 加入酵母、香草粉、咖啡粉，稍稍搅拌。
3. 倒入已经备好的低筋面粉，将其充分搅拌。
4. 再倒入适量的色拉油，一边倒一边搅拌。
5. 缓缓地倒入牛奶，并且不停搅拌。
6. 倒入洗净的提子干。
7. 用电动搅拌器将提子干与原材料搅拌均匀，制成蛋糕浆。
8. 备好蛋糕模具，放入与之相匹配的蛋糕纸杯。
9. 用长柄刮板将拌好的蛋糕浆逐一刮入纸杯中，约至七八分满即可。
10. 将已经装有蛋糕浆的蛋糕模具放入烤箱中，以上火200℃、下火200℃的温度烤20分钟至熟。
11. 将蛋糕模具取出。
12. 将烤好的蛋糕脱模，装盘即可。

杏仁蛋奶玛芬

● 参考分量：6个

◉ 原料 *Ingredients* •

低筋面粉150克，南杏仁30克，黄油100克，鸡蛋1个，细砂糖50克，牛奶50毫升，香草粉15克

◉ 工具 *Tools* •

玻璃碗1个，长柄刮板1把，电动搅拌器1个，烤箱1台，蛋糕模具1个，蛋糕纸杯6个

◉ 做法 *Directions* •

1. 取一个玻璃碗，倒入鸡蛋和细砂糖，用电动搅拌器搅拌均匀。
2. 加入黄油搅匀。
3. 倒入香草粉，稍稍搅拌均匀。
4. 加入低筋面粉，充分拌匀。
5. 加入牛奶，一边加入一边搅拌。
6. 拌匀，制成蛋糕浆。
7. 备好蛋糕模具，放入蛋糕纸杯。
8. 将拌好的蛋糕浆逐一刮入纸杯中至七分满，制成蛋糕生坯，将南杏仁均匀撒在蛋糕生坯表面。
9. 将模具放入烤箱中，以上、下火均200℃的温度烤20分钟取出。

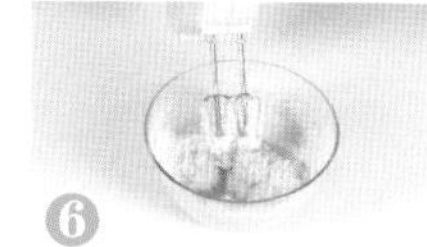

蜜豆玛芬

参考分量：4个

◉ 原料 *Ingredients*

黄油60克，细砂糖60克，鸡蛋1个，牛奶50毫升，柠檬汁15毫升，低筋面粉100克，泡打粉3克，蜜豆适量

◉ 工具 *Tools*

玻璃碗1个，长柄刮板1把，电动搅拌器1个，蛋糕纸杯4个，烤箱1台

◉ 做法 *Directions*

1. 取一个玻璃碗，倒入细砂糖和鸡蛋，用电动搅拌器搅拌均匀。
2. 加入泡打粉和黄油，拌匀。
3. 倒入低筋面粉，稍微搅拌后用电动搅拌器搅拌均匀。
4. 加入牛奶，一边倒入一边搅拌。
5. 缓缓倒入柠檬汁并不停搅拌。
6. 放入蜜豆。
7. 搅拌均匀，制成蛋糕浆。
8. 取蛋糕纸杯放在烤盘上，用长柄刮板将拌好的蛋糕浆逐一刮入纸杯中至六分满。
9. 烤盘入烤箱，以上火180℃、下火160℃的温度烤15分钟即可。

哈雷蛋糕

参考分量：5个

◉ 原料 *Ingredients* •

细砂糖180克，鸡蛋180克，色拉油180克，低筋面粉200克，牛奶50克，牛奶香粉、泡打粉、盐各5克

◉ 工具 *Tools* •

电动搅拌器、长柄刮板、裱花袋、玻璃碗各1个，剪刀1把，蛋糕纸杯5个，烤箱1台

◉ 做法 *Directions* •

1. 将细砂糖、鸡蛋倒进备好的容器，用电动搅拌器搅拌均匀。
2. 依次加入盐、牛奶香粉、泡打粉以及低筋面粉，搅拌均匀。
3. 加入牛奶、色拉油，拌匀待用。
4. 用长柄刮板将拌好的材料装入裱花袋中，压匀。
5. 用剪刀将裱花袋的尖端剪去约1.5厘米。
6. 将蛋糕纸杯放入烤盘，依次挤入裱花袋中的材料，约六分满即可。
7. 打开烤箱，将烤盘放入烤箱中。
8. 关上烤箱，以上火180℃、下火160℃的温度烤约20分钟至熟即可。

浓情布朗尼

参考分量：3个

◉ 原料 *Ingredients*

巧克力液70克，黄油85克，鸡蛋1个，细砂糖70克，高筋面粉35克，核桃碎35克，香草粉2克

◉ 工具 *Tools*

玻璃碗和长柄刮板各1个，长方形模具3个，刷子1把，电动搅拌器1个，烤箱1台

◉ 做法 *Directions*

1. 将细砂糖和黄油倒入玻璃碗中，用电动搅拌器搅拌均匀。
2. 加入鸡蛋搅散，撒上香草粉拌匀，再倒入高筋面粉拌匀。
3. 注入巧克力液拌匀，倒入核桃碎，匀速搅拌片刻，至材料充分融合后待用。
4. 取备好的长方形模具，内壁用刷子刷上一层黄油。
5. 再用长柄刮板盛入拌好的材料，铺平摊匀至六分满，即成生坯。
6. 烤箱预热5分钟，放入生坯。
7. 关好烤箱门，以上、下火均为190℃的温度烤约25分钟，至食材熟透。
8. 断电后取出烤好的成品，放凉后脱模摆盘即可。

心太软

参考分量：2个

◉ 原料 *Ingredients*

白巧克力70克，黄油50克，低筋面粉30克，细砂糖20克，鸡蛋40克，蛋黄15克，朗姆酒适量

◉ 工具 *Tools*

搅拌器、玻璃碗、奶锅各1个，刷子1把，模具2个，烤箱1台

◉ 做法 *Directions*

1. 将奶锅置于灶上，倒入白巧克力、黄油，小火加热。
2. 将材料搅至完全融合，加入细砂糖，搅拌均匀。
3. 取一个玻璃碗，倒入鸡蛋、低筋面粉、朗姆酒，充分搅拌均匀。
4. 将煮好的白巧克力倒入容器中，搅拌均匀。
5. 将模具内部刷上一层黄油，再刷一层低筋面粉。
6. 将拌好的面糊倒入模具中至九分满。
7. 将模具放入已预热5分钟的烤箱内，以上火190℃、下火170℃的温度烤10分钟。
8. 将模具取出放凉，再将蛋糕倒出装盘即可。

酥樱桃蛋糕

参考分量：3个

◉ 原料 *Ingredients*

黄油125克，糖粉50克，鸡蛋1个，盐1克，低筋面粉70克，泡打粉2.5克，樱桃85克，细砂糖25克，高筋面粉25克

◉ 工具 *Tools*

玻璃碗、长柄刮板各1个，长方形模具3个，刷子1把，电动搅拌器1个，烤箱1台

◉ 做法 *Directions*

1. 取细砂糖和25克黄油放入小碗中，拌匀。
2. 加入低筋面粉，搅拌均匀呈糊状，制成酥皮馅待用。
3. 将糖粉和100克黄油一起倒入大容器中，搅拌均匀。
4. 加入鸡蛋搅散，撒上盐拌匀。
5. 倒入泡打粉，拌匀，再放入高筋面粉，用电动搅拌器搅拌至呈糊状，即成生坯。
6. 长方形模具内壁用刷子刷上一层黄油，盛入生坯，摊开至三分满，再撒上少许樱桃。
7. 盖上适量酥皮馅，铺匀摊开至七八分满，即成蛋糕生坯。
8. 将蛋糕生坯放入烤盘中，放入烤箱，以上、下火均170℃的温度烤20分钟即可。

法兰西依士蛋糕

参考分量：1个

冬季雨雪纷飞的星期天
在家中温暖的橘色灯光下
为你做一个法兰西依士蛋糕
还不忘放上你最爱的葡萄干和瓜子仁
蛋糕的香气悠然飘荡
生活如此美好
怎能不用心微笑

◉ 原料 *Ingredients* •

鸡蛋315克，细砂糖200克，芝士粉20克，低筋面粉、高筋面粉各250克，色拉油175克，葡萄干30克，瓜子仁适量，酵母4克，奶粉15克，黄油35克，纯净水100毫升，蛋黄25克

◉ 工具 *Tools* •

玻璃碗1个，刮板、电动搅拌器、方形模具、裱花袋各1个，烘焙纸1张，烤箱1台

◉ 做法 *Directions* •

1. 将高筋面粉、酵母、奶粉倒在案板上，用刮板拌匀开窝。
2. 倒入50克细砂糖、蛋黄，拌匀。
3. 加入纯净水，搅匀，用手按压成型。
4. 放入黄油并揉至表面光滑。
5. 将150克细砂糖倒入玻璃碗中，再打入鸡蛋。
6. 用电动搅拌器打发起泡。
7. 加入低筋面粉、芝士粉，拌匀。
8. 分次慢慢倒入色拉油，拌匀。
9. 放入葡萄干，搅拌均匀。
10. 将面团撕成小块放入拌好的材料中。
11. 用电动搅拌器搅拌均匀，待用。
12. 方形模具中垫上烘焙纸，倒上拌好的材料，约至七分满即可。
13. 撒上瓜子仁，制成蛋糕坯备用。
14. 打开烤箱，将蛋糕坯放入烤箱中。
15. 关上烤箱，以上火200℃、下火190℃的温度烤约25分钟至熟。
16. 取出模具，稍凉后撕掉底层的烘焙纸，食用时切片即可。

制作要点 *Tips*

一边搅拌一边倒入色拉油，可以使油更均匀地融入面粉中。

提子慕斯

参考分量：2个

原料 *Material*

吉利丁片10克，牛奶250毫升，柠檬汁5毫升，蜂蜜20克，提子250克，巧克力片适量，纯净水适量

工具 *Tools*

玻璃碗、搅拌器各1个，小刀1把，奶锅1个，冰箱1台

做法 *Directions*

1. 将洗净的提子切成厚薄均匀的片状并剔去籽。
2. 取一个玻璃碗，倒入适量纯净水，将吉利丁片放入泡软。
3. 准备一口奶锅，置于灶上，倒入牛奶，用小火加热。
4. 加入蜂蜜和柠檬汁，搅拌片刻。
5. 将吉利丁片捞出，沥干水分后放入奶锅中，搅拌至融化。
6. 关火，将切好的提子放入锅中，搅拌均匀。
7. 将煮好的材料倒入模具中，放置待凉。
8. 将模具放入冰箱冷藏1小时至完全凝固。
9. 将蛋糕拿出，插上巧克力片作装饰，放上提子即可。

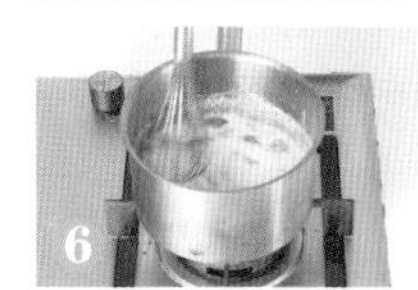

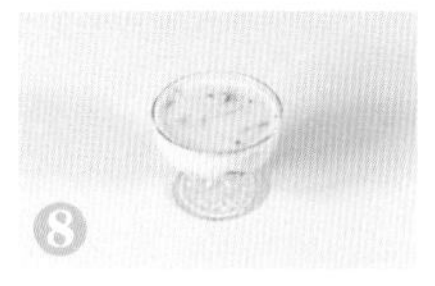

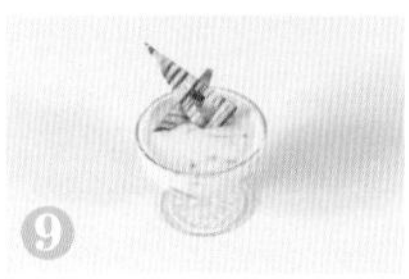

冻芝士蛋糕

参考分量：1个

◉ 原料 *Ingredients*

饼干碎80克，吉利丁片10克，牛奶100毫升，黄油40克，植物鲜奶油150克，芝士250克，细砂糖60克

◉ 工具 *Tools*

玻璃碗2个，奶锅、圆形模具、搅拌器各1个，勺子1把，冰箱1台

◉ 做法 *Directions*

1. 取一玻璃碗，倒入黄油和饼干碎，搅拌、和匀，制成黄油饼干，待用。
2. 把吉利丁片浸在倒有凉开水的玻璃碗中，泡至变软，待用。
3. 将奶锅置于火上，倒入牛奶、植物鲜奶油、芝士和细砂糖拌匀。
4. 再放入泡软后的吉利丁片，拌匀后用小火煮至溶化，制成芝士奶油，关火待用。
5. 取备好的圆形模具，盛入黄油饼干，铺开并用力填实、压平。
6. 倒入煮好的芝士奶油，至七八分满，置于冰箱中冷冻约1小时。
7. 取出冻好的蛋糕，慢慢脱去模具。
8. 将做好的蛋糕装盘即可。

制作要点 *Tips*

冷冻时温度不宜太低，以免蛋糕体与模具黏在一起，不易脱模。

布朗尼芝士蛋糕

● 参考分量：1个

切开不起眼的表皮
一层一层品尝下去
你会发现
你会讶异
浓郁香甜的巧克力在等待你
生活总是充满惊喜
再难走的路，只要愿意向前走几步
总会和美好不期而遇

◉ 原料 *Ingredients*

布朗尼蛋糕体部分 黄油50克，黑巧克力50克，白糖50克，鸡蛋40克，牛奶20毫升，低筋面粉50克

芝士蛋糕体部分 芝士210克，白糖40克，鸡蛋60克，牛奶60毫升

◉ 工具 *Tools*

玻璃碗2个，圆形模具、电动搅拌器各1个，抹刀、蛋糕刀各1把，筷子1根，烤箱1台

制作要点 *Tips*

熔化黑巧克力时可以用小火慢慢加热，这样可以缩短材料熔化的时间。

◉ 做法 *Directions*

布朗尼蛋糕体部分的做法

1. 将黑巧克力和黄油倒入玻璃碗中，置于热水内。
2. 慢慢搅拌至材料熔化，制成巧克力液。
3. 取一个玻璃碗，倒入白糖、鸡蛋，用电动搅拌器搅打片刻。
4. 放入低筋面粉，搅拌均匀，再注入牛奶，一边注入一边搅拌。
5. 倒入巧克力液，搅拌均匀，制成面糊。
6. 倒入模具中，用抹刀摊平待用。
7. 将烤箱预热，放入圆形模具。
8. 以上、下火均为180℃的温度烤约10分钟后取出。
9. 将蛋糕放凉，即成布朗尼蛋糕体。

芝士蛋糕体部分的做法

10. 将白糖、鸡蛋倒入容器中，搅拌均匀。
11. 放入芝士搅散，再倒入牛奶。
12. 一边倒入一边搅拌至材料充分融合，制成芝士糊待用。
13. 取备好的圆形模具，慢慢倒入芝士糊，摊开铺匀。
14. 烤箱预热，放入圆形模具，以上、下火均为160℃的温度烤约20分钟，至食材熟透后取出脱模即可。

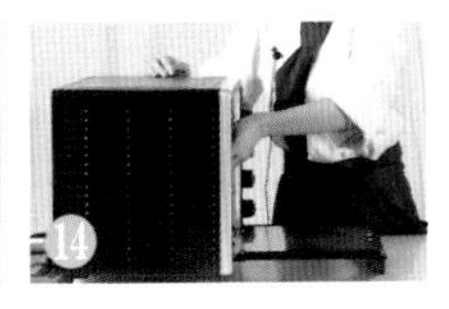

蓝莓冻芝士蛋糕

参考分量：1个

◉ 原料 *Ingredients*

饼干碎80克，吉利丁片15克，牛奶100毫升，黄油40克，植物鲜奶油150克，芝士250克，细砂糖60克，蓝莓适量，纯净水少许

◉ 工具 *Tools*

勺子1把，玻璃碗、搅拌器、圆形模具、奶锅各1个

◉ 做法 *Directions*

1. 取一个玻璃碗，倒入黄油和饼干碎，和匀后待用。
2. 把吉利丁片浸在纯净水中，泡至变软，待用。
3. 将奶锅置于火上，倒入牛奶、植物鲜奶油、芝士和细砂糖，搅拌均匀。
4. 放入泡软后的吉利丁片，用搅拌器拌匀，用小火煮至溶化，制成芝士奶油。
5. 取备好的圆形模具，盛入黄油饼干碎，用勺子铺开，用力填实、压平。
6. 倒入煮好的芝士奶油，至七八分满，撒上蓝莓，置于冰箱中冷冻约1小时。
7. 取出冻好的材料，慢慢脱去模具。
8. 将做好的成品摆盘即可。

轻乳酪蛋糕

参考分量：1个

◉ 原料 *Ingredients*

芝士200克，牛奶100毫升，黄油60克，玉米淀粉20克，低筋面粉25克，蛋黄、蛋白、细砂糖各75克，塔塔粉3克

◉ 工具 *Tools*

玻璃碗、长柄刮板、搅拌器、椭圆形模具、电动搅拌器、奶锅各1个，烤箱1台

◉ 做法 *Directions*

1. 将奶锅置于火上，倒入牛奶和黄油，拌匀。
2. 放入芝士，开小火略煮，拌匀，至材料完全融合。
3. 关火，待凉后倒入玉米淀粉、低筋面粉和蛋黄，搅拌均匀，制成蛋黄油，待用。
4. 取一个玻璃碗，倒入蛋白、细砂糖，撒上塔塔粉。
5. 用电动搅拌器快速搅拌片刻，至蛋白九分发。
6. 倒入备好的蛋黄油，搅拌均匀，使材料完全融化。
7. 把拌好的材料注入椭圆形模具至八九分满，即成蛋糕生坯。
8. 将蛋糕生坯放在烤盘中，再推入已预热5分钟的烤箱中。
9. 关烤箱门，以上火180℃、下火160℃的温度烤40分钟即可。

制作要点 *Tips*

电动搅拌器选中档，这样打发蛋白的效果会更好。入烤箱之前将蛋糕静置几分钟，可使蛋糕表面更光滑。

第四章

松软面包，浪漫心意的浓情传递

酥软爽口、柔滑香甜、蓬松细腻、香气浓郁……

面包的魅力令人着迷。

人们靠着自己巧妙的创意和对食材的了解，

创造出品种繁多、各具风味的面包。

平凡的食材被勤劳之手赋予了生命，

并无私地将它们的美好展现给人们。

现在就来一起学习制作美味松软的面包，

用心体会手制的独特味道，

让您的早餐与众不同，让生活充满新鲜活力。

牛奶面包

参考分量：3个

清晨的第一缕阳光
像淘气的精灵闯入房间
早起的人一边回味着美梦
一边为新的一天作好准备
香浓的咖啡
配上精心烘焙的牛奶面包
用心生活，用心宠爱自己

◉ 原料 *Ingredients* •

高筋面粉200克，蛋白30克，酵母3克，牛奶100毫升，细砂糖30克，黄油35克，盐2克

◉ 工具 *Tools* •

刮板1个，擀面杖1根，剪刀1把，烤箱1台，高温布1张

◉ 做法 *Directions* •

1. 将高筋面粉倒在案板上，加入盐和酵母，用刮板混合均匀。
2. 再用刮板开窝，依次倒入蛋白和细砂糖，混合均匀。
3. 倒入牛奶，搅拌均匀，再放入黄油。
4. 拌入混合好的高筋面粉，制成湿面团。
5. 将面团揉搓光滑。
6. 把面团分成三等份。
7. 把每份均搓成光滑的小面团。
8. 用擀面杖把小面团一一擀成薄厚均匀的面皮。
9. 把面皮卷成圆筒状，制成生坯。
10. 将制作好的生坯装入垫有高温布的烤盘里，常温发酵1.5小时。
11. 用剪刀在发酵好的生坯上逐一剪开数道平行开口。
12. 逐一往开口处撒上适量细砂糖。
13. 打开烤箱，放入面包生坯，关上烤箱门，将上、下火均调为190℃，烘烤时间设为15分钟，开始烘烤。
14. 打开烤箱门，把烤好的面包取出，装盘即可。

制作要点 *Tips*

将大面团分成均等的小面团，就可依据个人需要选用不同的模具来制作形状多样的面包。

晶莹剔透的椰蓉
遇见洁白胜雪的奶油
凝成一份永不溶化的情意
散发独一无二的馥郁香气

奶油面包

参考分量：6个

◉ 原料 *Ingredients* •

高筋面粉250克，纯净水100毫升，白糖50克，黄油35克，酵母4克，奶粉20克，蛋黄15克，打发鲜奶油、椰蓉、糖浆各适量

◉ 工具 *Tools* •

刮板、长柄刮板、裱花袋、裱花嘴各1个，擀面杖1根，蛋糕刀、刷子、剪刀各1把，烤箱1台

◉ 做法 *Directions* •

1. 将高筋面粉倒在案板上，加上酵母和奶粉，用刮板拌匀开窝。
2. 撒上白糖，注入纯净水，倒入备好的蛋黄，用刮板慢慢搅拌均匀。
3. 再放入黄油，用力揉片刻，至面团纯滑，待用。
4. 取备好的面团，分成四个60克左右的小剂子，依次搓圆、用擀面杖擀薄。
5. 再翻转剂子，从前端开始，慢慢往回收，卷成橄榄的形状。
6. 置于烤盘中，发酵约30分钟，至生坯膨胀发开。
7. 烤箱预热5分钟后放入烤盘。
8. 关好烤箱门，以上、下火均为170℃的温度烤约13分钟，至材料熟透。
9. 断电后取出烤盘，静置片刻至烤好的面包冷却。
10. 再依次用蛋糕刀从中间划开。
11. 用刷子给面包刷上一层糖浆，再蘸上椰蓉，待用。
12. 取一裱花袋，放入裱花嘴，倒入打发鲜奶油。
13. 捏紧、收好袋口，用剪刀在袋底部位剪出一个小孔，露出裱花嘴。
14. 再将鲜奶油挤入面包的刀口处即可。

制作要点 *Tips*

成品中挤入的奶油不宜太多，以免食用时溢出。

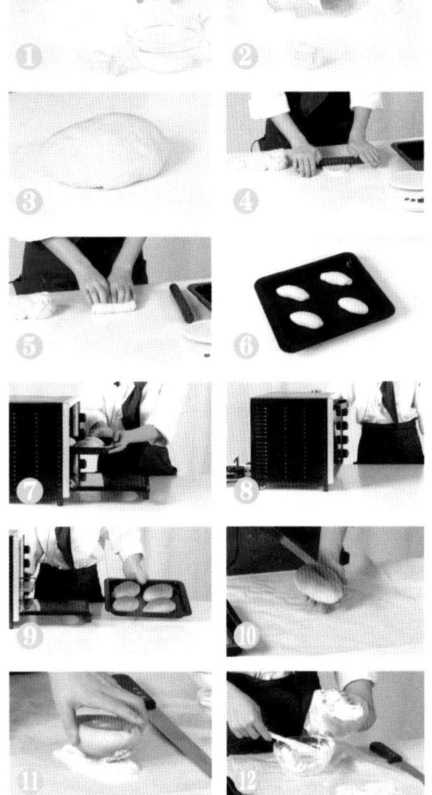

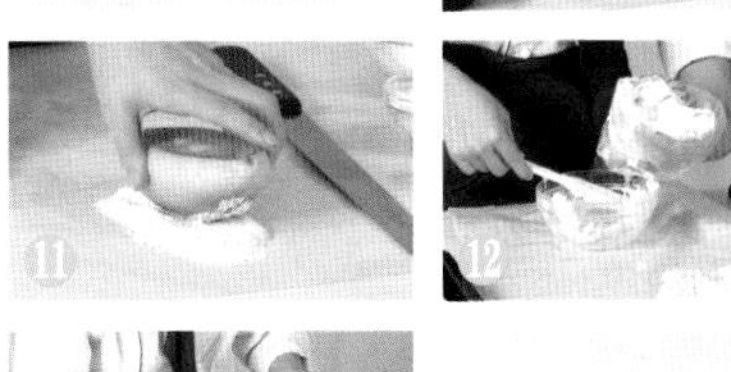

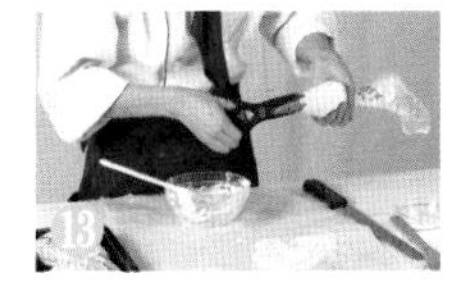

法式面包

参考分量：2个

◉ 原料 *Ingredients*

高筋面粉250克，酵母5克，纯净水80毫升，鸡蛋1个，黄油20克，盐1克，细砂糖20克

◉ 工具 *Tools*

刮板1个，小刀1把，擀面杖1根，烤箱、电子秤各1台

◉ 做法 *Directions*

1. 将高筋面粉和酵母倒在案板上，用刮板拌匀开窝。
2. 倒入鸡蛋、细砂糖、盐，拌匀，加入纯净水，再拌匀，放入黄油。
3. 慢慢和匀，至材料完全融合在一起，再揉成面团。
4. 用电子秤称取两个80克的面团，将面团揉圆，取一个压扁，用擀面杖擀薄成面饼。
5. 将面饼卷成橄榄形，收紧口，再依此法制成另一个生坯，一同装在烤盘中发酵。
6. 待面团发酵至两倍大，用小刀在生坯表面斜划两刀。
7. 烤箱预热5分钟，放入烤盘，以上、下火同为200℃的温度烤15分钟至熟透。
8. 断电后取出烤盘，稍稍冷却后拿出烤好的成品，装盘即可。

法棍面包

参考分量：1个

◉ 原料 *Ingredients*

高筋面粉250克，酵母5克，鸡蛋1个，细砂糖25克，纯净水75毫升，黄油20克

◉ 工具 *Tools*

刮板1个，小刀1把，擀面杖1根，烤箱1台

◉ 做法 *Directions*

1. 将高筋面粉和酵母倒在案板上，用刮板拌匀开窝。
2. 倒入细砂糖和鸡蛋拌匀，加入纯净水，再拌匀，放入黄油。
3. 慢慢和匀，至材料完全融合在一起，再揉成面团。
4. 将面团压扁，用擀面杖擀薄。
5. 将面团卷起，搓紧边缘。
6. 装在烤盘中发酵好后，在面包生坯上用小刀快速划几刀。
7. 烤箱预热5分钟，把烤盘放入中层，关好烤箱门，以上、下火同为200℃的温度烤15分钟，至食材熟透。
8. 断电后取出烤盘，稍稍冷却后拿出烤好的成品，装盘即可。

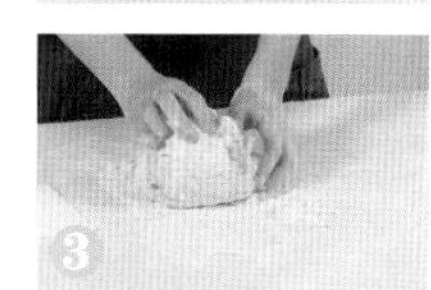

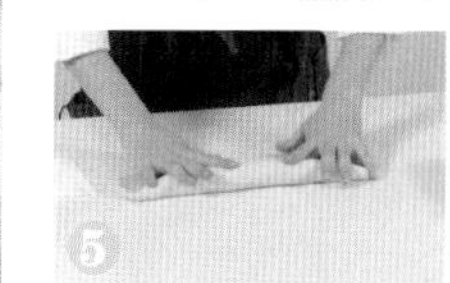

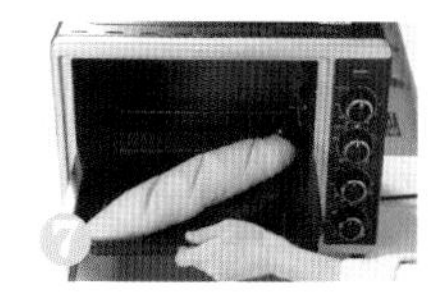

腊肠卷

参考分量：3个

因为有着味蕾的存在
才会常遇惊喜
篓里时蔬
锅内鱼肉
案上鲜果
令人回味的极致妙趣
总能在美食中精心闪现

◉ 原料 *Ingredients* •

高筋面粉110克，低筋面粉40克，细砂糖20克，蛋黄10克，牛奶80毫升，盐、酵母各3克，黄油15克，腊肠3根

◉ 工具 *Tools* •

刮板1个，擀面杖1根，烤箱1台，高温布1张

◉ 做法 *Dinectdons* •

1. 将高筋面粉倒在案板上，加入低筋面粉、盐、酵母，用刮板混合均匀。
2. 再用刮板开窝，依次倒入蛋黄和细砂糖，搅拌均匀。
3. 加入牛奶，搅拌均匀。
4. 放入黄油，将材料混匀后再拌入混合好的面粉。
5. 搓成湿面团。
6. 再揉搓成光滑的面团。
7. 把面团分成数个大小均等的剂子。
8. 将剂子搓成小面团。
9. 把小面团擀成薄厚均匀的面皮。
10. 将面皮卷成条。
11. 再搓成细条状。
12. 用刀切一段腊肠，把面条卷在腊肠上，制成腊肠卷生坯。
13. 再按照相同的方法制作数个腊肠卷生坯，把生坯装在垫有高温布的烤盘里，常温发酵1.5小时。
14. 将发酵好的生坯放入烤箱，关上烤箱门，以上、下火均为190℃的温度烘烤10分钟后取出装盘即可。

制作要点 *Tips*

擀制完成后的面皮应尽快卷起，不宜放置过久，否则卷起的面团松懈，易影响生坯的质量。

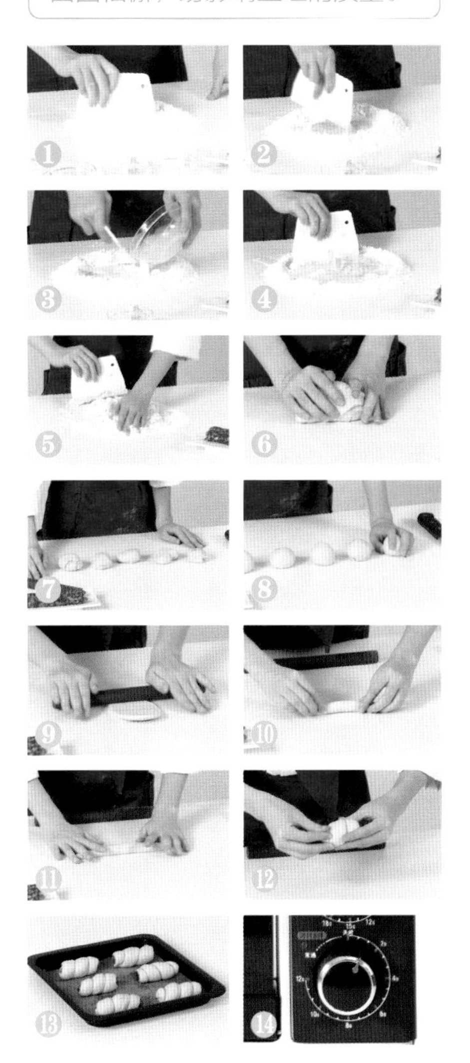

紫薯包

参考分量：6个

◉ 原料 *Ingredients* •

高筋面粉500克，黄油70克，奶粉20克，细砂糖100克，盐5克，鸡蛋1个，纯净水200毫升，酵母8克，紫薯泥适量

◉ 工具 *Tools* •

刮板1个，小刀1把，烤箱1台

◉ 做法 *Directions* •

1. 将高筋面粉倒在案板上，加入酵母、奶粉混合均匀，用刮板开窝。
2. 用细砂糖和纯净水调成糖水，加入面粉中揉匀，再加入鸡蛋、黄油、盐混匀揉成面团。
3. 用保鲜膜把面团包裹好，静置10分钟。
4. 将面团搓圆，再分成每个60克的小面团，搓成球状。
5. 将面球捏成饼状，放入紫薯泥，收口捏紧，再搓成球状。
6. 将面球擀平，划上数刀，再卷成橄榄状，放入烤盘中发酵1.5小时。
7. 把烤箱调为上火190℃、下火190℃，预热5分钟，然后烘烤15分钟。
8. 取出面包装盘即可。

肉松包

参考分量：8个

原料 *Ingredients*

高筋面粉500克，黄油70克，奶粉20克，细砂糖100克，盐5克，鸡蛋50克，酵母8克，肉松10克，沙拉酱适量，纯净水200毫升

工具 *Tools*

刮板和搅拌器各1个，擀面杖1根，蛋糕刀、刷子各1把，烤箱1台，保鲜膜1张

做法 *Directions*

1. 将细砂糖溶入纯净水制成糖水，再将高筋面粉、酵母、奶粉用刮板开窝，倒入糖水。
2. 将所有材料混匀并按压成形，再加入鸡蛋混匀，揉搓成面团。
3. 将面团稍微拉平，倒入黄油，加入盐，揉搓成光滑的面团。
4. 用保鲜膜将面团包好静置10分钟，再分成每个60克的小面团。
5. 把小面团揉搓成圆形，用擀面杖将面团擀平。
6. 将面团卷成卷，揉成橄榄形，放入烤盘发酵1.5小时。
7. 将烤箱上、下火均调为190℃，预热后放入烤盘，烤15分钟。
8. 取出烤盘，用蛋糕刀斜切面包，不切断，在中间挤入沙拉酱。
9. 在面包表面刷上少许沙拉酱，均匀地铺上肉松，装盘即可。

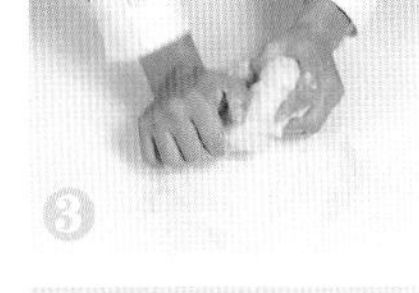

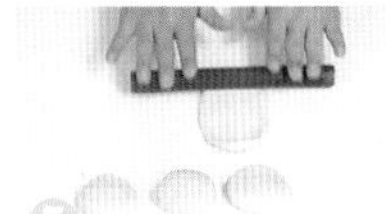

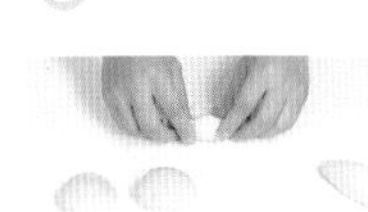

杂粮包

● 参考分量：6个

◉ 原料 *Ingredients* •

高筋面粉150克，杂粮粉350克，鸡蛋1个，黄油70克，奶粉20克，纯净水200毫升，细砂糖100克，盐5克，酵母8克

◉ 工具 *Tools* •

刮板1个，烤箱1台

◉ 做法 *Directions* •

1. 将杂粮粉、高筋面粉、酵母、奶粉倒在案板上，用刮板开窝。
2. 倒入细砂糖和纯净水，用刮板拌匀。
3. 将所有材料搅拌均匀，揉搓成纯滑面团。
4. 将面团稍微压平，加入鸡蛋，并按压揉匀。
5. 加入盐和黄油，揉搓均匀。
6. 将面团揉成数个60克的面团待用。
7. 取两个面团揉匀，放入烤盘，使其发酵1.5小时。
8. 将烤盘放入烤箱中，以上火190℃、下火190℃的温度烤15分钟至熟。
9. 取出烤盘，将烤好的杂粮包装盘即可。

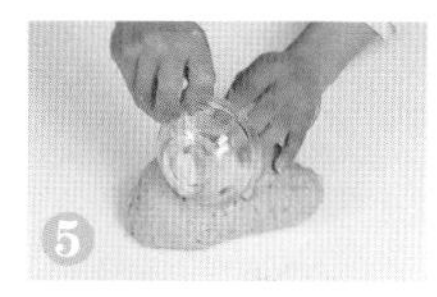

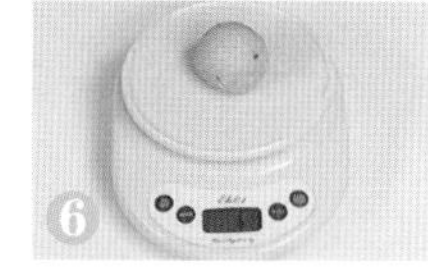

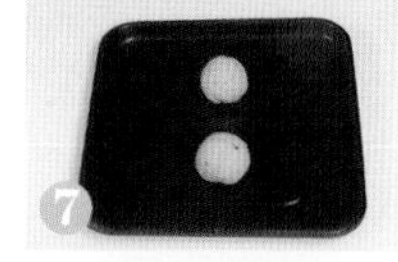

全麦贝果

参考分量：8个

◉ 原料 *Ingredients*

高筋面粉、全麦粉各125克，黄油30克，纯净水80毫升，酵母4克，蛋白25克，奶粉10克，细砂糖50克

◉ 工具 *Tools*

刮板1个，擀面杖1根，烤箱1台

◉ 做法 *Directions*

1. 将全麦粉、高筋面粉倒在案板上，用刮板开窝。
2. 将奶粉刮入面粉中，再加入酵母，放入细砂糖和纯净水，搅拌均匀。
3. 将材料混合均匀，加入黄油，揉搓成纯滑的面团。
4. 将面团切成大小均等的剂子，搓成球状。
5. 取两个面团，用擀面杖擀成面皮，将面皮卷成长条状，再盘成圆环，制成生坯。
6. 把生坯放入烤盘里，在常温下发酵1.5小时，至原体积的2倍。
7. 将烤箱上、下火均调为190℃，预热10分钟，把生坯放入烤箱，烤15分钟至熟。
8. 取出烤好的贝果，装盘即可。

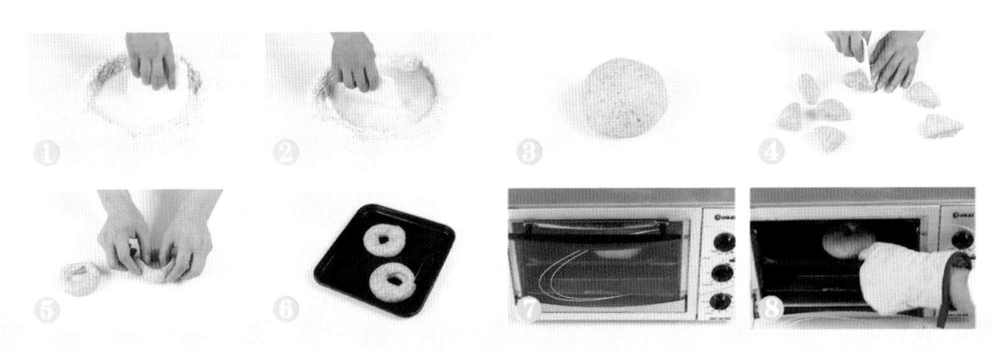

麸皮核桃包

参考分量：4个

原料 Ingredients

高筋面粉200克，麸皮50克，酵母4克，鸡蛋1个，细砂糖50克，纯净水100毫升，黄油35克，奶粉20克，核桃适量

工具 Tools

刮板1个，擀面杖1根，圆形模具1个，小刀1把，烤箱1台

做法 Directions

1. 将高筋面粉、麸皮、奶粉、酵母倒在案板上，用刮板拌匀开窝。
2. 倒入细砂糖和鸡蛋，拌匀，加入纯净水，放入黄油。
3. 慢慢和匀，至材料完全融合在一起，再揉成面团。
4. 用擀面杖把面团擀薄成0.3厘米左右厚度的面皮。
5. 用圆形模具按压出八个面团，两两相叠，依次叠好四份。
6. 用小刀在每份中间割一个小口，放入核桃，按压好，放入烤盘。
7. 依次做好其余的核桃包，装在烤盘中，发酵1.5小时。
8. 烤箱预热5分钟，放入烤盘，以上、下火均为190℃的温度烤15分钟至熟透。
9. 断电后取出烤盘，稍稍冷却后拿出烤好的成品，装盘即可。

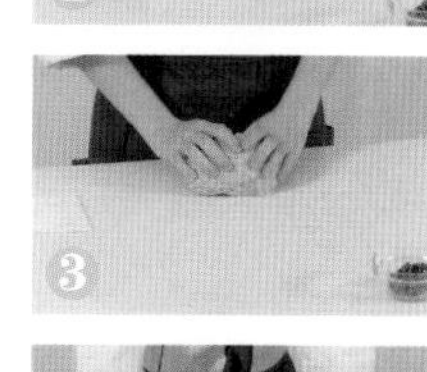

胚芽核桃包

参考分量：4个

◉ 原料 *Ingredients*

高筋面粉200克，全麦粉、细砂糖各50克，酵母4克，鸡蛋1个，黄油65克，纯净水100毫升，核桃、小麦胚芽各适量

◉ 工具 *Tools*

刮板1个，小刀1把，擀面杖1根，烤箱、电子秤各1台

◉ 做法 *Directions*

1. 将高筋面粉、全麦粉、酵母倒在案板上，用刮板拌匀开窝。
2. 倒入鸡蛋和细砂糖，拌匀，加入纯净水，再拌匀，放入黄油和核桃。
3. 慢慢和匀，至材料完全融合在一起，再揉成面团。
4. 用备好的电子秤称取60克左右的面团，依次称取四个面团，揉圆。
5. 取一个面团，压扁，用擀面杖稍擀大，再卷成橄榄形状，蘸些小麦胚芽，即成生坯。
6. 依次制成生坯装入烤盘，摆放整齐，发酵1.5小时好后在生坯上用小刀划开口，抹上黄油。
7. 烤箱预热5分钟后放入烤盘，关好烤箱门，以上、下火同为190℃的温度烤15分钟。
8. 断电后取出烤盘，稍稍冷却后拿出烤好的面包，装盘即可。

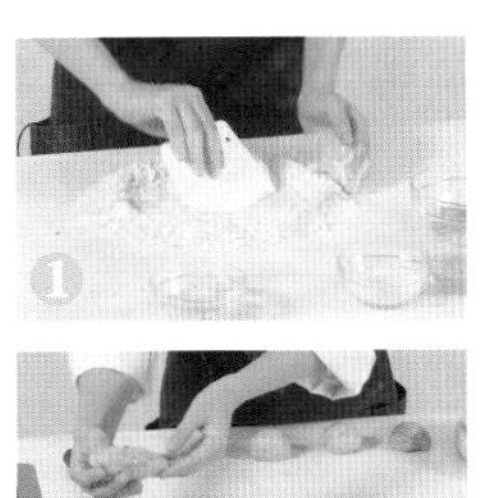

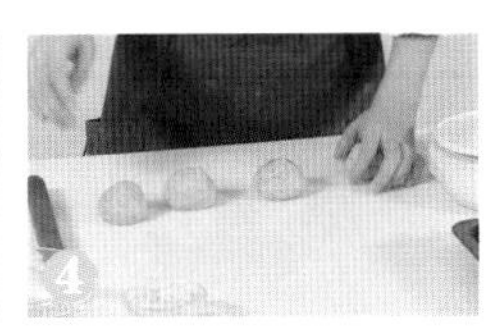

全麦面包

参考分量：4个

◉ 原料 *Ingredients*

高筋面粉200克，细砂糖、全麦粉各50克，鸡蛋1个，酵母4克，黄油35克，纯净水100毫升

◉ 工具 *Tools*

刮板1个，纸杯4个，烤箱、电子秤各1台

◉ 做法 *Directions*

1. 将高筋面粉、全麦粉、酵母倒在案板上，和匀并用刮板开窝。
2. 倒入细砂糖和鸡蛋，拌匀，加入纯净水，再拌匀，放入黄油。
3. 慢慢搅拌片刻至材料完全融合在一起，再揉成面团。
4. 用备好的电子秤称取60克左右的面团。
5. 依次称取四个面团，揉圆，放入四个纸杯中，待发酵。
6. 待面团发酵至两倍大，将纸杯放在烤盘中，摆放整齐。
7. 烤箱预热5分钟，将烤盘推入中层。
8. 以上、下火均为190℃的温度烤15分钟，断电后取出烤盘，拿出成品装盘即可。

椰香全麦餐包

参考分量：4个

◉ 原料 *Ingredients*

高筋面粉200克，全麦粉50克，酵母4克，鸡蛋1个，细砂糖80克，纯净水100毫升，黄油65克，椰蓉30克

◉ 工具 *Tools*

刮板1个，纸杯4个，烤箱、电子秤各1台

◉ 做法 *Directions*

1. 将高筋面粉、全麦粉、酵母倒在案板上，拌匀，开窝。
2. 倒入鸡蛋、细砂糖，拌匀，加入纯净水，再拌匀，放入黄油。
3. 慢慢和匀，至材料完全融合在一起，再揉成面团。
4. 用电子秤称取60克左右的面团，依次称取四个面团，备用。
5. 将细砂糖、椰蓉倒入碗中，拌匀，加入黄油，捏匀制成馅料。
6. 取一个面团，压平后放上馅料，收紧口，放入备好的纸杯中。
7. 依次制成四个餐包，放入四个纸杯中，待发酵。
8. 待餐包发酵至两倍大，将纸杯整齐摆放在烤盘中。
9. 烤箱预热5分钟后放入烤盘，关好烤箱门，以上、下火同为190℃的温度烤约15分钟，断电后取出装盘即可。

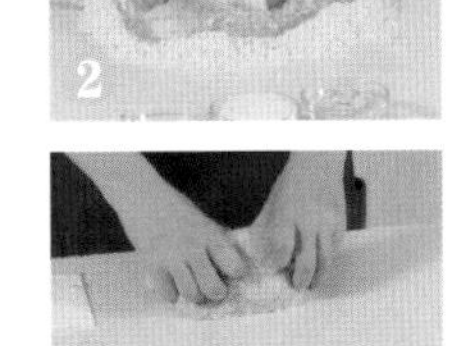

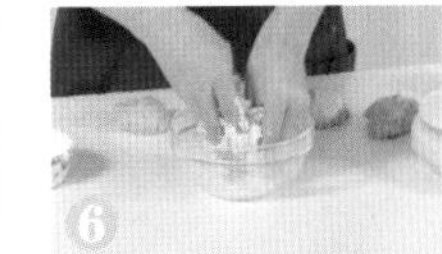

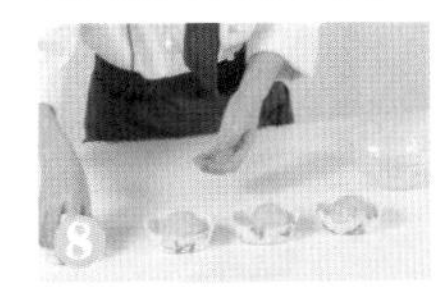

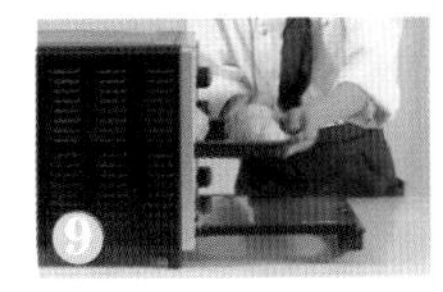

不起眼的巧克力豆
却能与面包珠联璧合
麦香的纯朴和巧克力的浓郁
谱成一曲相依相伴的浪漫乐章

巧克力墨西哥面包

参考分量：4个

◉ 原料 *Ingredients* •

面包部分 高筋面粉250克，酵母4克，黄油35克，奶粉10克，蛋黄15克，细砂糖50克，纯净水100毫升

酱料部分 低筋面粉、细砂糖、黄油各50克，鸡蛋40克，巧克力豆适量

◉ 工具 *Tools* •

大玻璃碗、刮板、搅拌器、长柄刮板、裱花袋各1个，剪刀1把，蛋糕纸杯4个，烤箱1台

◉ 做法 *Directions* •

面包部分的做法

1. 把高筋面粉倒在案板上。
2. 加入酵母和奶粉，充分混合均匀。
3. 用刮板开窝 ，倒入细砂糖、纯净水、蛋黄，搅拌均匀。
4. 加入混合好的高筋面粉，制成湿面团，加入黄油，揉搓均匀。
5. 揉搓成表面纯滑的面团。
6. 取适量面团，分成剂子并搓成圆球状，把搓好的面球装入蛋糕纸杯中。
7. 按照同样的方法制作数个面球，在常温下发酵1.5小时。
8. 待面包生坯发酵约为原体积的2倍即可。

酱料部分的做法

9. 将准备好的低筋面粉、细砂糖、黄油、鸡蛋倒入大玻璃碗中。
10. 用搅拌器快速搅拌均匀，制成面包酱。

剩余部分的做法

11. 用长柄刮板把酱料装入裱花袋里，并用剪刀在裱花袋尖角处剪开一个小口。
12. 将酱料挤在面包生坯上，盘成螺旋状。
13. 再撒上适量巧克力豆，把制作好的面包生坯装入烤盘中，准备烘烤。
14. 打开烤箱，把发酵好的生坯放入烤箱中，关上烤箱门，将上、下火均调为170℃，烘烤15分钟即可。

制作要点 *Tips*

在气温降低的情况下，可以将面球放入水温为30℃的蒸锅中，能加快面皮的发酵速度。

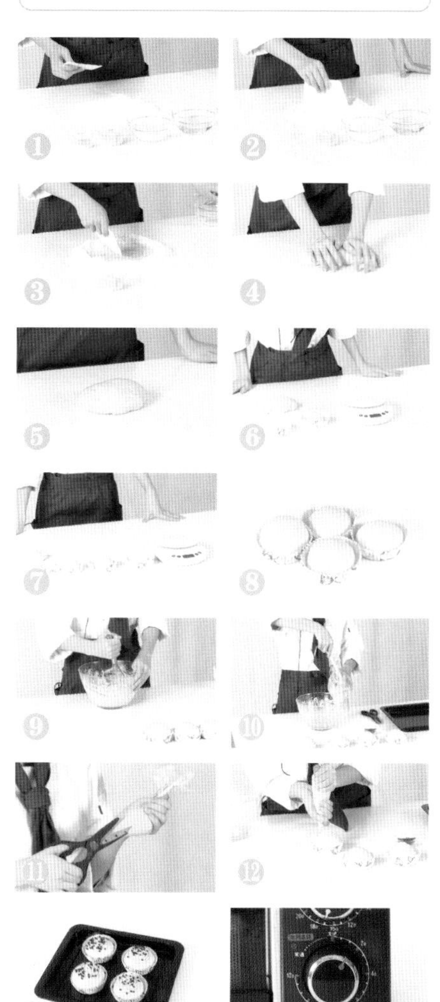

静下心听一场风雪
读一段白雪中飘零的故事
尝这一口清香柔软
品味一份特别的甜蜜

雪山飞狐

参考分量：8个

◉ 原料 *Ingredients* •

面包部分 高筋面粉250克，酵母4克，奶粉15克，黄油35克，纯净水100毫升，细砂糖50克，蛋黄25克

酱料部分 白奶油、细砂糖、低筋面粉各100克，牛奶100毫升，芝麻适量

◉ 工具 *Tools* •

刮板、电动搅拌器、裱花袋各1个，剪刀1把，蛋糕纸杯4个，烤箱、电子秤各1台

制作要点 *Tips*

可以根据纸杯大小调整面团的量，不要使面团发酵后膨胀而撑破纸杯。

◉ 做法 *Directions* •

面团部分的做法

1. 将高筋面粉倒在案板上，加入适量的酵母和奶粉，用刮板拌匀，将材料铺开。
2. 倒入细砂糖和蛋黄，拌匀。
3. 加入适量纯净水，搅拌均匀，用手按压成型。
4. 加入黄油揉至纯滑。
5. 准备好电子秤，依次称取4个60克左右的面团。
6. 将面团揉成球状，放入蛋糕纸杯中。
7. 静置片刻，至其发酵至两倍大左右。

酱料部分的做法

8. 将细砂糖倒进容器，加入牛奶。
9. 用电动搅拌器搅拌均匀。
10. 加入低筋面粉、白奶油、芝麻，拌匀制成面包酱料待用。
11. 把备好的裱花袋撑开，放入面包酱料。
12. 用剪刀在裱花袋尖端剪出一个适当大小的口。

剩余部分的做法

13. 将酱料挤在发酵好的面团上，再将面团放入烤盘。
14. 打开烤箱，将烤盘放入烤箱中，关上烤箱，以上、下火同为170℃的温度烤15分钟至熟，取出烤盘，把烤好的蛋糕装盘即可。

豆沙餐包

参考分量：6个

◉ 原料 *Ingredients*

高筋面粉250克，纯净水100毫升，白糖50克，黄油35克，酵母4克，奶粉20克，蛋黄15克，豆沙、黑芝麻各适量

◉ 工具 *Tools*

刮板1个，蛋糕纸杯4个，烤箱1台

◉ 做法 *Directions*

1. 将高筋面粉倒在案板上，加入酵母和奶粉，用刮板拌匀开窝。
2. 撒上白糖，倒入备好的蛋黄，注入纯净水，慢慢地搅拌均匀。
3. 再放入黄油，用力地揉搓片刻至面团纯滑，待用。
4. 取备好的面团，分成四个60克左右的小剂子，搓圆、压扁。
5. 再盛入适量的豆沙，包好，收紧口，制成圆形生坯。
6. 再分别放入4个蛋糕纸杯中，依次撒上少许黑芝麻。
7. 置于烤盘中发酵约30分钟，至生坯胀发开。
8. 烤箱预热5分钟，放入烤盘，关好烤箱门，以上、下火均为170℃的温度烤约13分钟，至材料熟透。
9. 断电后取出烤盘，将烤熟的豆沙餐包摆放在盘中即成。

制作要点 *Tips*

生坯最好搓得圆一些，这样发酵好了之后形状会更饱满。

酸奶吐司

参考分量：6个

◉ 原料 *Ingredients*

高筋面粉210克，酵母4克，细砂糖43克，盐3克，鸡蛋27克，酸奶150克，黄油30克，杏仁片适量

◉ 工具 *Tools*

刮板1个，模具2个，擀面杖1根，烤箱、电子秤各1台

◉ 做法 *Directions*

1. 将高筋面粉、酵母、盐倒在案板上，用刮板拌匀，开窝。
2. 倒入细砂糖和鸡蛋，拌匀，加入酸奶，再拌匀，放入黄油。
3. 慢慢和匀至材料完全融合在一起，再揉成面团。
4. 用备好的电子秤称取90克左右的面团，称取4个面团，并依次将面团揉圆。
5. 将面团压扁，擀薄擀长，再卷成两头尖的橄榄形状，放入模具中。
6. 将其余面团制成同样形状，装在模具中，待其发酵1.5小时。
7. 在发酵好的吐司上撒上杏仁片。
8. 将模具放入烤箱，以上火170℃、下火200℃的温度烤25分钟后取出脱模装盘即可。

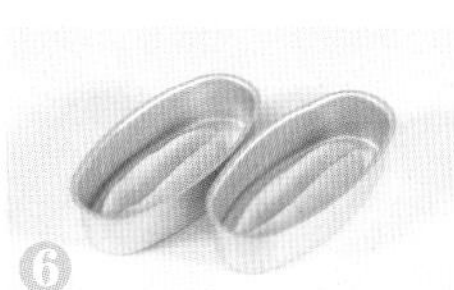

提子吐司

参考分量：3个

从早餐开始
慢下你的脚步
静静聆听发自内心的声音
享受提子的酸甜
享受面包的醇香
享受这难得的美好时光
细细感受生活的闲适与甜蜜

◉ 原料 *Ingredients* •

高筋面粉250克，酵母4克，黄油35克，奶粉10克，蛋黄15克，细砂糖50克，纯净水100毫升，提子干适量

◉ 工具 *Tools* •

刮板、方形模具各1个，刷子1把，擀面杖1根，烤箱、电子秤各1台

◉ 做法 *Directions* •

1. 把高筋面粉倒在案板上。
2. 加入酵母和奶粉，充分混合均匀。
3. 用刮板开窝，倒入细砂糖、纯净水、蛋黄，搅拌均匀。
4. 加入混合好的高筋面粉。
5. 制成湿面团。
6. 加入黄油，揉搓均匀。
7. 揉搓成表面纯滑的面团。
8. 用电子秤称取约350克面团。
9. 取方形模具，用刷子在内部四周刷一层黄油，待用。
10. 用擀面杖将面团擀成面皮。
11. 把提子均匀地铺在面皮上。
12. 把面皮卷起成圆筒状，再将卷好的提子面皮放入方形模具中，在常温下发酵1.5小时。
13. 面皮发酵好后约为原面皮体积的2倍，准备烘烤。
14. 打形烤箱，把发酵好的生坯放入烤箱中，关上烤箱门，上火调为180℃，下火调为200℃，烘烤时间设为25分钟，开始烘烤。烘烤完毕后，将烤好的提子吐司取出，装盘即可。

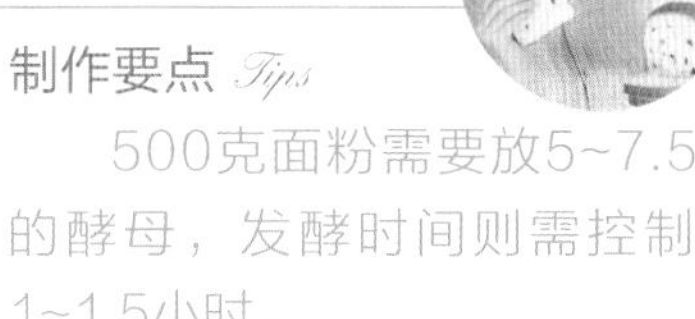

制作要点 *Tips*

500克面粉需要放5~7.5克的酵母，发酵时间则需控制在1~1.5小时。

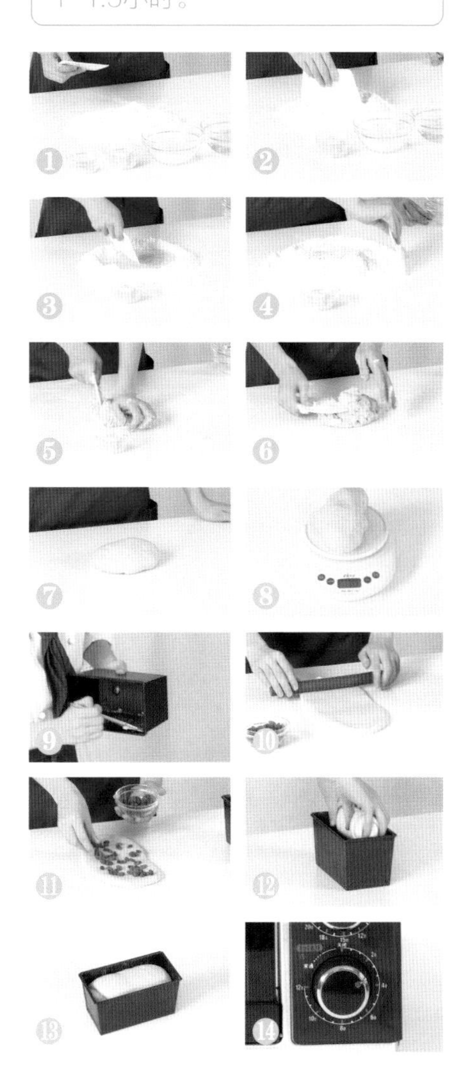

告别了所有的心烦意乱
斩断了所有的忧思愁绪
让最纯净的麦香萦绕在鼻尖
这松软才是美
这简单才是福

原味吐司

参考分量：1个

◉ 原料 *Ingredients*

高筋面粉250克，酵母4克，黄油35克，奶粉10克，蛋黄15克，细砂糖50克，纯净水100毫升

◉ 工具 *Tools*

刮板、方形模具各1个，刷子1把，擀面杖1根，烤箱、电子秤各1台

◉ 做法 *Directions*

1. 把高筋面粉倒在案板上，加入酵母和奶粉，充分混合均匀。
2. 用刮板开窝，倒入细砂糖、纯净水、蛋黄，搅拌均匀。
3. 加入混合好的高筋面粉。
4. 搓成湿面团。
5. 加入黄油，揉搓均匀。
6. 揉搓成表面纯滑的面团。
7. 用电子秤称取约350克面团。
8. 取方形模具，用刷子往内部四周刷一层黄油，待用。
9. 用擀面杖将面团擀成面皮。
10. 把面皮卷成圆筒状。
11. 将卷好的面皮放入吐司模具中，常温发酵1.5小时，面皮发酵好后约为原面皮体积的2倍。
12. 打开烤箱，把生坯放入烤箱中。
13. 关上烤箱门，烤箱温度上火调为180℃，下火调为200℃，烘烤时间设为25分钟，开始烘烤。
14. 烘烤结束后打开箱门，把烤好的原味吐司取出，装盘即可。

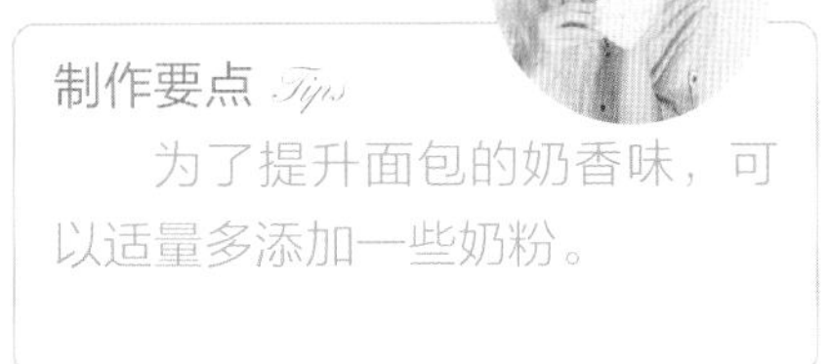

制作要点 *Tips*

为了提升面包的奶香味，可以适量多添加一些奶粉。

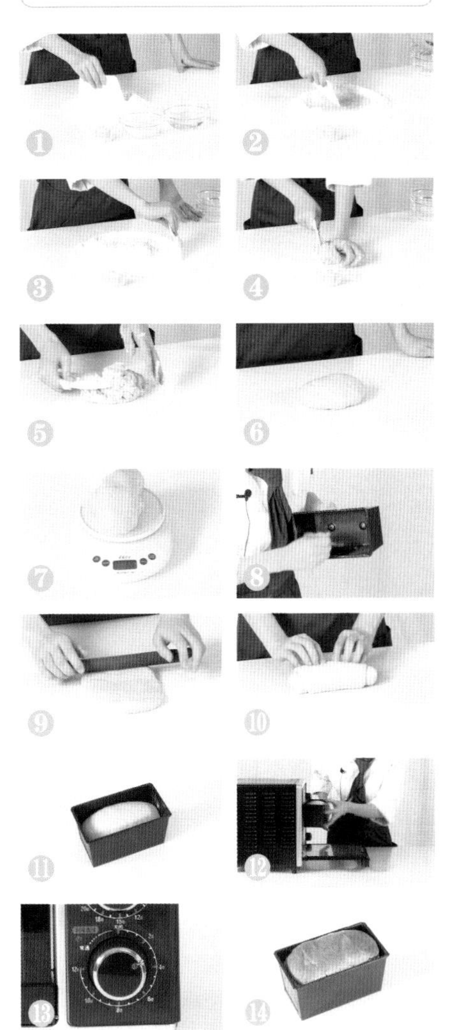

椰香吐司

参考分量：2个

◉ 原料 *Ingredients* •

高筋面粉250克，白糖70克，奶粉、椰蓉各20克，酵母4克，黄油55克，蛋黄15克，纯净水100毫升

◉ 工具 *Tools* •

刮板、方形模具、碗各1个，小刀1把，擀面杖1根，烤箱1台

◉ 做法 *Directions* •

1. 将高筋面粉倒在案板上，加入酵母和奶粉，拌匀，开窝。
2. 撒上白糖，注入纯净水，倒入备好的蛋黄，慢慢搅拌均匀。
3. 再放入黄油，用力揉搓片刻至面团纯滑，待用。
4. 将备好的椰蓉倒入碗中，撒上白糖。
5. 加入黄油，搅拌片刻至糖分溶化，制成馅料待用。
6. 用擀面杖将面团压平，放入馅料包好，再擀至材料融合，并用小刀划出若干道小口。
7. 再翻转面片，从前端开始，慢慢往回收卷好形状，放入方形模具中静置45分钟。
8. 烤箱预热，放入模具，以上火170℃、下火200℃的温度烤25分钟，取出脱模即可。

豆沙吐司

参考分量：4个

◉ 原料 *Ingredients*

高筋面粉250克，纯净水100毫升，白糖50克，奶粉20克，酵母4克，黄油35克，蛋黄15克，豆沙80克

◉ 工具 *Tools*

刮板、方形模具各1个，小刀1把，擀面杖1根，烤箱1台

◉ 做法 *Directions*

1. 将高筋面粉倒在案板上，加入酵母和奶粉，用刮板拌匀、开窝。
2. 撒上白糖，注入纯净水，倒入备好的蛋黄，慢慢搅拌均匀。
3. 放入黄油，用力揉搓片刻至面团纯滑，待用。
4. 取备好的面团，按压成厚片，放入备好的豆沙。
5. 包好，用擀面杖来回擀，使材料充分融合。
6. 用小刀整齐地划出若干道小口。
7. 再翻转面片，从前端开始，慢慢往回收，卷成橄榄的形状，放入方形模具中，静置约45分钟，至材料胀发开来，即成生坯。
8. 烤箱预热5分钟，放入生坯，关好箱门，以上火170℃、下火200℃的温度烤25分钟，断电后取出，脱模摆盘即成。

制作要点 *Tips*

用小刀划刀口的速度最好快一些，这样线条会更整齐，生坯的形状也更好看。

牛奶吐司

参考分量：2个

打开烤箱
一股清香涌入鼻尖
凝聚着满满情意的牛奶吐司
如雪般洁白蓬松
填满了心房
静享这份美味
拾起一份好心情

◉ 原料 *Ingredients* •

高筋面粉250克，酵母4克，牛奶100毫升，奶粉10克，黄油35克，细砂糖50克，鸡蛋1个

◉ 工具 *Tools* •

刮板、方形模具各1个，刷子1把，擀面杖1根，烤箱1台，电子秤1台

◉ 做法 *Directions* •

1. 将高筋面粉倒在案板上，加入备好的酵母和奶粉，用刮板混合均匀后开窝。
2. 依次倒入备好的鸡蛋和细砂糖，用刮板搅拌均匀。
3. 加入牛奶，混合均匀。
4. 加入黄油，拌入高筋面粉。
5. 混合均匀，揉搓成湿面团。
6. 再揉搓成纯滑面团。
7. 用电子秤称取350克面团。
8. 取方形模具，用刷子在模具内侧四周刷上一层黄油。
9. 用擀面杖把面团擀成厚薄均匀的面皮。
10. 把面皮卷成圆筒状。
11. 再放入模具中，发酵1.5小时。
12. 生坯发酵好后约为原面皮体积的2倍，准备烘烤。
13. 打开烤箱，把发酵好的生坯放入烤箱中，关上烤箱门，上火温度调为170℃，下火调为200℃，烘烤时间设为20分钟，开始烘烤。
14. 烘烤完毕后打开烤箱门，把烤好的牛奶吐司取出，脱模装盘即可。

制作要点 *Tips*

辨别是否为高筋面粉，可观察面粉的颜色，高筋面粉的颜色较深，本身较有黏性且光滑。

鸡蛋吐司

参考分量：1个

如柳絮般洁白
如雪缎般柔滑
一块甜甜的鸡蛋吐司
配上暖暖的牛奶
心里便满满的全是幸福

◉ 原料 *Ingredients* •

高筋面粉280克，酵母4克，纯净水85毫升，奶粉10克，黄油25克，细砂糖40克，鸡蛋2个，盐2克

◉ 工具 *Tools* •

刮板、方形模具各1个，刷子1把，烤箱1台

◉ 做法 *Directions* •

1. 把高筋面粉倒在案板上，加入奶粉、酵母、盐。
2. 用刮板混合均匀。
3. 再用刮板开窝，依次倒入鸡蛋和细砂糖，搅拌均匀。
4. 倒入纯净水，搅拌均匀。
5. 加入黄油。
6. 搅拌均匀，将材料拌入混合好的高筋面粉中，制成湿面团。
7. 再揉搓成纯滑的面团。
8. 把面团分成3等份。
9. 取方形模具，用刷子在模具内侧四周刷上一层黄油。
10. 将三个面团放入模具中，常温下发酵1.5小时。
11. 生坯发酵好后约为原体积的2倍，开始准备烘烤。
12. 取烤箱，把发酵好的生坯放入预热好的烤箱中。
13. 关上烤箱门，上火温度调为170℃，下火温度调为200℃，烘烤时间设为20分钟，开始烘烤。
14. 烘烤完毕后，打开烤箱门，把烤好的鸡蛋吐司取出，脱模装盘即可。

制作要点 *Tips*

面团揉搓应适度，要保证揉搓的力度，时间上不能过短也不能过长。

亚麻籽吐司

参考分量：2个

◉ 原料 *Ingredients*

高筋面粉250克，酵母4克，黄油35克，纯净水90毫升，细砂糖50克，鸡蛋1个，亚麻籽适量

◉ 工具 *Tools*

刮板、方形模具各1个，擀面杖1根，烤箱1台

◉ 做法 *Directions*

1. 将高筋面粉、酵母倒在案板上，用刮板拌匀开窝。
2. 倒入鸡蛋和细砂糖，拌匀，加入纯净水，再拌匀，放入黄油。
3. 慢慢和匀至材料完全融合在一起，再揉成面团。
4. 加入亚麻籽，继续揉至面团表面光滑。
5. 用擀面杖将面团压扁，擀薄。
6. 卷成橄榄形状，把口收紧。
7. 装入模具中，待发酵至两倍大。
8. 烤箱预热后放入模具，关好烤箱门，以上火170℃、下火200℃的温度烤约25分钟，至食材熟透。
9. 断电后取出模具，稍稍冷却后脱模装盘即可。

制作要点 *Tips*

把口收紧的时候，边缘部分须稍稍压紧一下。为了使吐司颜色更好看，可在烘烤剩余10分钟的时候刷上蛋黄液。

糙米吐司

参考分量：1个

◉ 原料 *Ingredients*

高筋面粉250克，酵母5克，黄油35克，纯净水90毫升，细砂糖50克，鸡蛋1个，煮熟的糙米、红豆各适量

◉ 工具 *Tools*

刮板、方形模具各1个，擀面杖1根，烤箱1台

◉ 做法 *Directions*

1. 将高筋面粉和酵母拌匀，用刮板开窝。
2. 倒入细砂糖和鸡蛋，拌匀，加入纯净水，再次拌匀后放入黄油。
3. 慢慢和匀至材料完全融合在一起，再揉成面团。
4. 把面团擀薄，放入红豆和糙米。
5. 慢慢把面团包起来，封好口。
6. 装入方形模具中，待发酵至两倍大。
7. 烤箱预热，放入模具。
8. 关好烤箱门，以上火170℃、下火200℃的温度烤约25分钟，至食材熟透。
9. 断电后取出模具，稍稍冷却后脱模装盘即可。

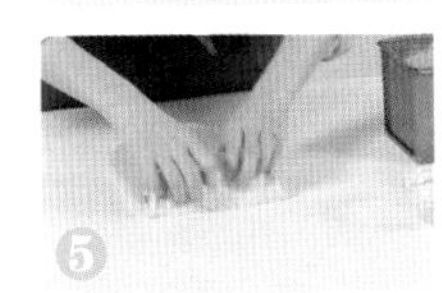

全麦代表百分之百的真心
果酱代表甜蜜纯粹的真情
幸福温馨的一天
从为你端上早餐开始

全麦吐司

参考分量：3个

◉ 原料 *Ingredients* •

高筋面粉200克，全麦粉、细砂糖各50克，纯净水100毫升，奶粉20克，酵母4克，蛋黄15克，黄油35克

◉ 工具 *Tools* •

刮板、方形模具各1个，刷子1把，擀面杖1根，烤箱、电子秤各1台

◉ 做法 *Directions* •

1. 将备好的高筋面粉倒在案板上，再依次加入全麦粉、奶粉、酵母，用刮板混合均匀。
2. 用刮板开窝。
3. 尽量用刮板将面粉刮匀，形成一圈密实的面粉墙。
4. 倒入蛋黄、细砂糖，搅拌均匀，加入纯净水，拌匀。
5. 加入黄油。
6. 拌入混合好的高筋面粉，制成湿面团。
7. 用电子秤称取350克面团。
8. 取模具，在内侧四周刷一层黄油。
9. 用擀面杖把称好的面团擀成薄厚均匀的面皮。
10. 把面皮卷成圆筒状。
11. 再将圆筒状面团放入方形模具里，常温发酵1.5小时。
12. 生坯发酵好后约为原体积的2倍，准备烘烤。
13. 将生坯放入烤箱中，以上火170℃、下火200℃的温度烤20分钟。
14. 取出烤好的全麦吐司，脱模装盘即可。

制作要点 *Tips*

烤好的吐司从烤箱中取出后，趁热脱模更容易。脱模时注意动作宜慢，以保持蛋糕完整。

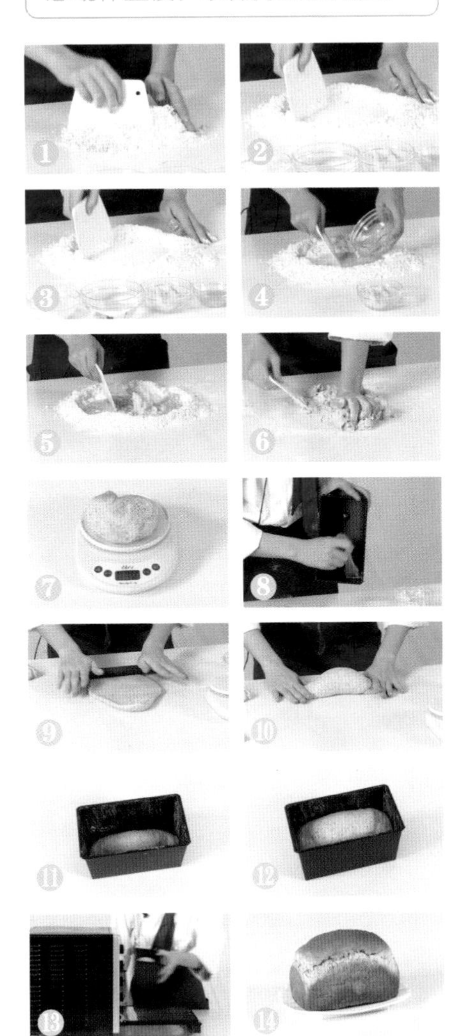

没有美丽的花纹
也没有耀眼的装饰
但依旧坚持自己
因为一颗柔软的心
和满满的丰富内蕴
才是无可替代的美

燕麦吐司

参考分量：1个

◉ 原料 *Ingredients* •

高筋面粉250克，燕麦30克，纯净水100毫升，鸡蛋1个，细砂糖50克，黄油35克，酵母4克，奶粉20克

◉ 工具 *Tools* •

刮板、方形模具各1个，刷子1把，擀面杖1根，烤箱1台

◉ 做法 *Dinectdons* •

1. 把备好的高筋面粉倒在案板上，然后依次加入燕麦、奶粉、酵母。
2. 用刮板混合均匀。
3. 用刮板开窝，倒入备好的鸡蛋和细砂糖，搅拌均匀。
4. 加入纯净水，搅拌均匀。
5. 加入黄油。
6. 将所有材料混匀，然后将材料拌入混合好的高筋面粉。
7. 制成湿面团。
8. 再揉搓成纯滑的面团。
9. 把面团分成均等的两份。
10. 取方形模具，用刷子在模具内侧四周刷上一层黄油。
11. 把两个面团放入备好的模具中，常温发酵1.5小时。
12. 生坯发酵好后约为原体积的2倍，开始准备烘烤。
13. 烤箱预热5分钟，将生坯放入烤箱中，关上箱门，将上火调为170℃、下火调为200℃，烤20分钟。
14. 打开烤箱门，把烤好的燕麦吐司取出，脱模装盘即可。

制作要点 *Tips*

模具里刷一层黄油，能使烤后的吐司表面色泽美观，也便于面包脱模。

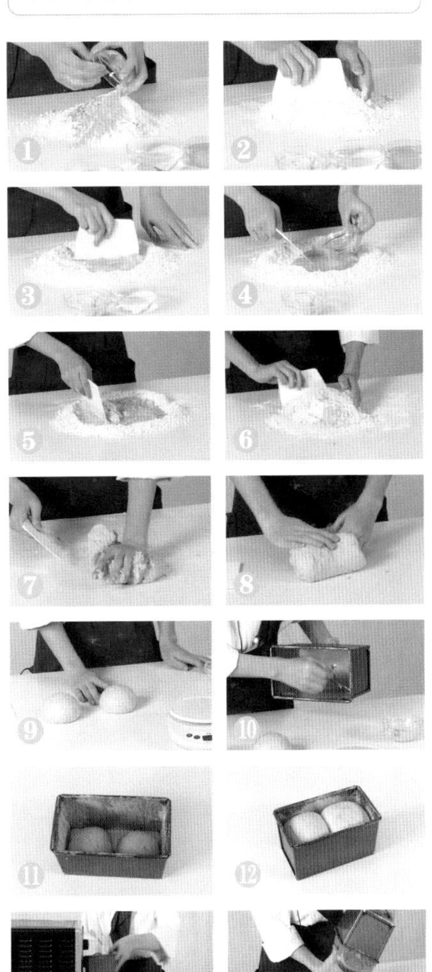

丹麦吐司

● 参考分量：3个

◉ 原料 *Ingredients* •

高筋面粉170克，低筋面粉30克，黄油、奶粉各20克，鸡蛋40克，片状酥油70克，细砂糖50克，酵母4克，纯净水80毫升

◉ 工具 *Tools* •

刮板、方形模具各1个，擀面杖1根，烤箱、冰箱各1个

◉ 做法 *Directions* •

1. 将高筋面粉、低筋面粉、奶粉、酵母倒在案板上，搅拌均匀。
2. 在面粉中间开窝，倒入备好的细砂糖和鸡蛋，将其拌匀。
3. 倒入纯净水，搅拌均匀。
4. 再倒入黄油，一边翻搅一边按压，制成表面平滑的面团。
5. 用擀面杖将面团擀制成长形面片，放入备好的片状酥油。
6. 将另一侧覆盖面片，把四周封紧，擀至酥油分散均匀。
7. 将擀好的面片叠成3层，再放入冰箱冰冻10分钟。
8. 将面片拿出擀薄，依此擀薄冰冻反复进行3次，再拿出擀薄。
9. 卷好面皮可放入方形模具，待发酵至原体积两倍大后，放入烤箱，关好箱门，以上火200℃、下火170℃烤25分钟，取出脱模装盘即可。

1

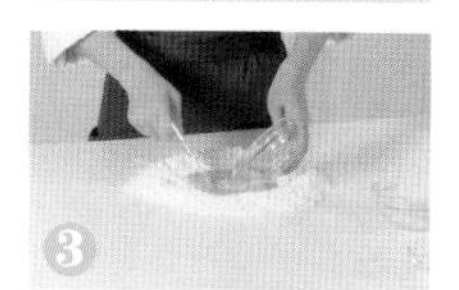
2

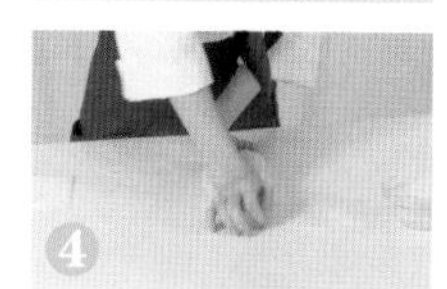
3

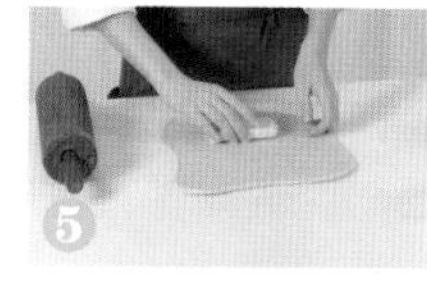
4

5

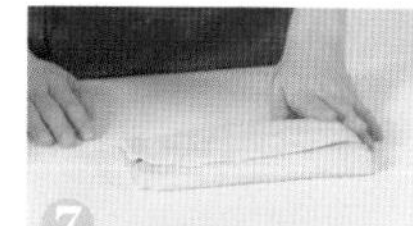
6

8

9

金砖

参考分量：3个

◉ 原料 Ingredients •

高筋面粉170克，低筋面粉30克，黄油20克，鸡蛋40克，片状酥油70克，纯净水80毫升，细砂糖50克，酵母4克，奶粉20克

◉ 工具 Tools •

刮板、方形模具各1个，擀面杖1根，烤箱、冰箱各1台

◉ 做法 Directions •

1. 将高筋面粉、低筋面粉、奶粉、酵母倒在案板上，搅拌均匀。
2. 用刮板开窝，倒入备好的细砂糖、鸡蛋，将其拌匀。
3. 倒入纯净水，搅拌均匀。
4. 再倒入黄油，一边翻搅一边按压，制成表面平滑的面团。
5. 在案板撒上干面粉，将面团擀成长形面片，放入片状酥油。
6. 将另一侧覆盖封紧，用擀面杖擀至里面的酥油分散均匀。
7. 将擀好的面片叠成3层，再放入冰箱冰冻10分钟。
8. 10分钟后将面片拿出擀薄，依此反复进行3次，取出卷好，放入方形模具中发酵至两倍大，再将模具放入预热好的烤箱。
9. 关上烤箱门，上火温度调为170℃，下火调为200℃，时间定为25分钟，烤至松软后，取出脱模装盘即可。

制作要点 Tips

修整面坯的时候最好先量一下模具的大小，再按模具大小修整，样子会更美观。

在自然清醇的麦香里
结下的美食情缘
沉醉其中
不经意间已是满心安宁

丹麦可颂

参考分量：8个

◉ 原料 *Ingredients* •

高筋面粉170克，低筋面粉30克，细砂糖50克，黄油、奶粉各20克，鸡蛋40克，片状酥油70克，纯净水80毫升，酵母4克

◉ 工具 *Tools* •

刮板1个，擀面杖1根，尺子、小刀各1把，烤箱、冰箱各1台

◉ 做法 *Directions* •

1. 将高筋面粉、低筋面粉、奶粉、酵母倒在案板上，搅拌均匀。
2. 用刮板开窝，倒入备好的细砂糖和鸡蛋，将其拌匀。
3. 倒入纯净水，搅拌均匀。
4. 再倒入黄油，一边翻搅一边按压，制成纯滑的面团。
5. 撒一点干面粉在案板上，用擀面杖将面团擀制成长形面片，放入片状酥油。
6. 将另一侧用面片覆盖，把四周封紧，用擀面杖擀至酥油分散均匀。
7. 将擀好的面片叠成3层，再放入冰箱冰冻10分钟。
8. 待10分钟后将面片拿出继续擀薄，依此反复进行3次后拿出面片擀薄擀大。
9. 用小刀将不整齐的边切掉，用尺子量好，将面片分成大小一致的等腰三角形面皮。
10. 依次将面皮从宽的一端慢慢卷制成面坯，放入烤盘，待发酵约为原体积两倍大时待用。
11. 将烤盘放入已经预热好的烤箱内，关上烤箱门。
12. 将上火调为200℃，下火调为190℃，时间定为15分钟，烤至面包松软。
13. 待15分钟后，将烤盘取出放凉。
14. 将放凉的面包装盘即可。

制作要点 *Tips*

不确定面团是否揉好的时候，可以将面团取一小块拉平，在手指上撑开看下扩展性。

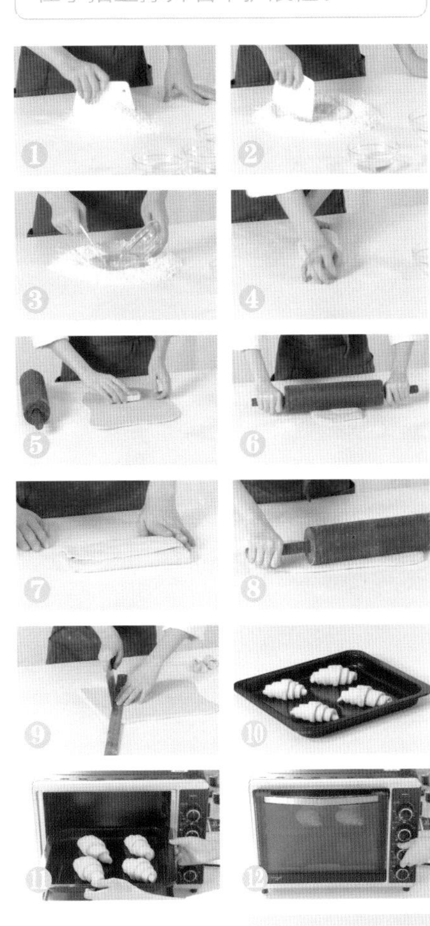

层层包裹
将自己甜蜜又苦涩的心
深深埋藏
等待懂得欣赏的你

丹麦巧克力可颂

参考分量：8个

◉ 原料 *Ingredients* •

高筋面粉170克，低筋面粉30克，黄油、奶粉各20克，鸡蛋40克，片状酥油70克，纯净水80毫升，细砂糖50克，酵母4克，巧克力豆适量

◉ 工具 *Tools* •

刮板1个，擀面杖1根，小刀、尺子各1把，烤箱、冰箱各1台

制作要点 *Tips*

铺巧克力豆的时候不要铺得太多，以免卷的时候露出来，影响外观。

◉ 做法 *Directions* •

1. 将高筋面粉、低筋面粉、奶粉、酵母倒在案板上，搅拌均匀。
2. 用刮板开窝，倒入备好的细砂糖和鸡蛋，将其拌匀。
3. 倒入纯净水，搅拌均匀。
4. 再倒入黄油，一边翻搅一边按压，制成表面平滑的面团。
5. 撒一些干面粉在案板上，用擀面杖将揉好的面团擀制成长形面片，然后放入片状酥油。
6. 将另一侧用面片覆盖，把四周封紧，用擀面杖擀至酥油分散均匀。
7. 将擀好的面片叠成3层，再放入冰箱冰冻10分钟。
8. 待10分钟后将面片拿出继续擀薄，依此反复进行3次，再拿出擀薄。
9. 用刀将不整齐的边切掉，用尺子量好，然后将面片分切成大小一致的等腰三角形面皮。
10. 依次将巧克力豆均匀放到三角面皮的宽的一侧。
11. 再将面皮从宽的一侧慢慢卷制成面坯，放入烤盘，发酵至两倍大待用。
12. 将烤盘放入已预热好的烤箱内，关好烤箱门。
13. 将上火调为200℃，下火调为190℃，时间定为15分钟，烤至面包松软。
14. 待15分钟后，将烤盘取出，将放凉的面包装盘即可。

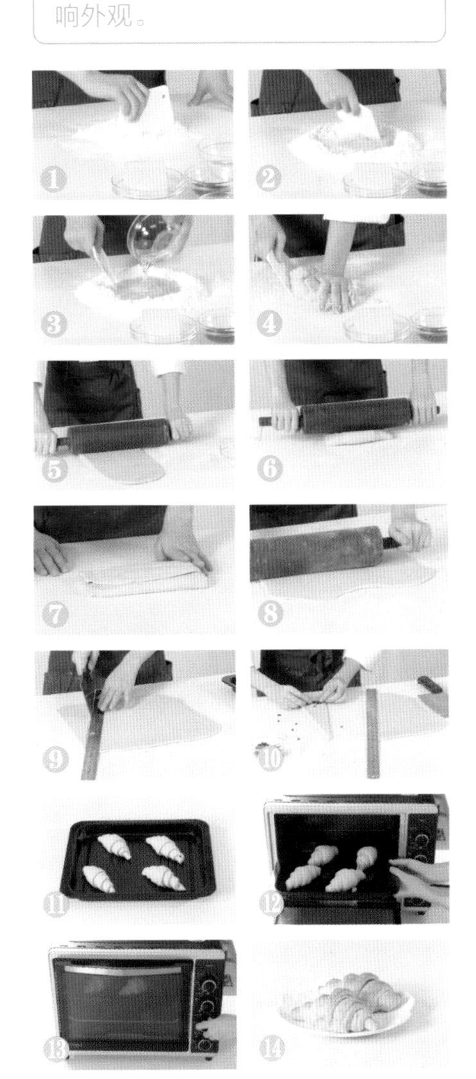

肉松香肠可颂

● 参考分量：4个

◉ 原料 *Ingredients* •

高筋面粉170克，低筋面粉30克，细砂糖50克，纯净水88毫升，黄油、奶粉、盐、干酵母、鸡蛋、片状酥油、香肠、肉松各适量

◉ 工具 *Tools* •

擀面杖1根，刮板1个，小刀1把，烤箱、冰箱各1台

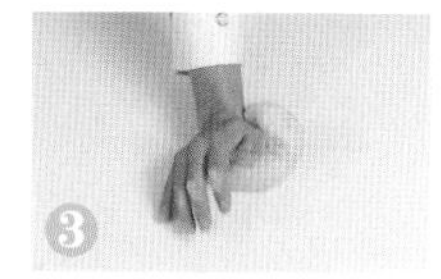

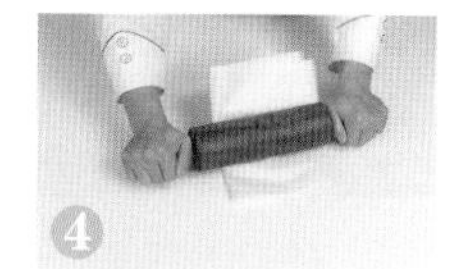

◉ 做法 *Directions* •

1. 将低筋面粉、高筋面粉、奶粉、干酵母、盐拌匀。
2. 将材料倒在案板上，用刮板开窝，倒入纯净水、细砂糖、鸡蛋，搅拌均匀。
3. 将材料揉成湿面团，加入黄油拌匀，再揉搓成光滑的面团。
4. 用擀面杖将面团擀薄，放上片状酥油，将面皮折叠擀平。
5. 将三分之一面皮折叠，再将剩下部分折叠，放入冰箱冷藏10分钟。
6. 取出，继续擀平，将上述动作重复操作两次，制成酥皮。
7. 取酥皮，用擀面杖擀薄，用小刀将边缘修齐，再切成三角块。
8. 放上香肠、肉松，卷成羊角状，制成生坯，常温下发酵1.5小时。
9. 将烤箱上、下火均调成190℃，预热5分钟，放入生坯烤15分钟即可。

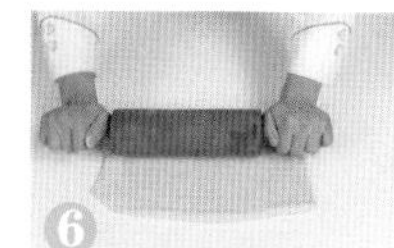

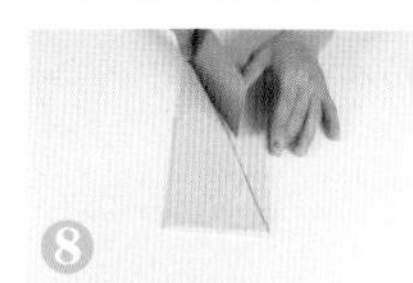

杏仁起酥面包

参考分量：5个

◉ 原料 *Ingredients* •

高筋面粉170克，低筋面粉30克，细砂糖50克，黄油20克，奶粉12克，纯净水88毫升，盐、干酵母、鸡蛋、片状酥油、杏仁各适量

◉ 工具 *Tools* •

玻璃碗、刮板、刷子各1个，冰箱1台

◉ 做法 *Directions* •

1. 将低筋面粉、高筋面粉、奶粉、干酵母、盐放入玻璃碗拌匀。
2. 倒入案板上开窝，加入纯净水、细砂糖、鸡蛋、黄油，揉搓光滑。
3. 用擀面杖将面团擀薄，放上片状酥油，再折叠擀平。
4. 先将三分之一的面皮折叠，再将剩下的折叠起来，放入冰箱冷藏10分钟，取出擀平，将上述动作重复操作两次，制成酥皮。
5. 案板撒上低筋面粉，取酥皮切成两块长方条，将边缘切平整。
6. 在两块长方条酥皮中间竖着划开一条口，稍稍扯开。
7. 将酥皮两端往开口内翻数次，呈麻花状，制成面包生坯。
8. 备好烤盘，放入生坯，用刷子刷上一层蛋液，再撒上杏仁。
9. 放入烤箱中，以上、下火均为200℃的温度烤15分钟，取出即可。

制作要点 *Tips*

可用筛网事先过筛面粉，这样后续制作出的面包口感更细腻。

丹麦条

参考分量：4个

紧致的缠绕
密实的拥抱
清香扑鼻
酥脆甘美
久违的味道唤醒内心最深处的记忆
是儿时最爱的糖果滋味

◉ 原料 *Ingredients* •

高筋面粉170克，低筋面粉30克，黄油、奶粉各20克，鸡蛋40克，片状酥油70克，纯净水80毫升，细砂糖50克，酵母4克

◉ 工具 *Tools* •

刮板1个，擀面杖1根，小刀、尺子各1把，烤箱、冰箱各1台

◉ 做法 *Directions* •

1. 将高筋面粉、低筋面粉、奶粉、酵母倒在案板上，用刮板搅拌均匀。
2. 用刮板开窝，倒入备好的细砂糖和鸡蛋，将其拌匀。
3. 倒入纯净水，搅拌均匀。
4. 再倒入黄油，一边翻搅一边按压，制成表面平滑的面团。
5. 撒些干面粉在案板上，用擀面杖将揉好的面团擀制成长形面片，放入备好的片状酥油。
6. 将另一侧覆盖面片，把四周封紧，用擀面杖擀至里面的酥油分散均匀。
7. 将擀好的面片叠成3层，再放入冰箱冰冻10分钟。
8. 将面片拿出继续擀薄，依此反复进行3次，再拿出擀薄擀大。
9. 用刀将两端修平，用尺子量好，分切成长方形的面片。
10. 用刀将面片依次切成一端连着的3条，编成麻花辫形放入烤盘中，发酵至原体积两倍大。
11. 将烤盘放入已预热好的烤箱内，关好烤箱门。
12. 将上火调为200℃，下火调为190℃，时间定为15分钟，烤至面包松软。
13. 待15分钟后，将烤盘取出放凉。
14. 将放凉的面包装盘即可。

制作要点 *Tips*

编制麻花辫形的时候最好编得紧一点，会更美观。

丹麦红豆

参考分量：4个

颗粒饱满的红豆
如漫天星光洒向海面
香味浓郁如滋味芳醇的美酒
这点点相思藏身在蓬松细腻的面包里
只盼有一天你能发现

◉ 原料 *Ingredients* •

高筋面粉170克，低筋面粉30克，黄油、奶粉各20克，鸡蛋40克，片状酥油70克，纯净水80毫升，细砂糖50克，酵母4克，熟红豆适量

◉ 工具 *Tools* •

刮板、圆形模具、小圆形模具各1个，擀面杖1根，烤箱、冰箱各1台

◉ 做法 *Directions* •

1. 将高筋面粉、低筋面粉、奶粉、酵母倒在案板上，搅拌均匀。
2. 用刮板开窝，倒入备好的细砂糖和鸡蛋，将其拌匀。
3. 倒入纯净水，搅拌均匀。
4. 再倒入黄油，一边翻搅一边按压，制成表面平滑的面团。
5. 撒点干面粉在案板上，用擀面杖将揉好的面团擀制成长形面片，放入备好的片状酥油。
6. 将另一侧用面片覆盖，把四周封紧，用擀面杖擀至酥油分散均匀。
7. 将擀好的面片叠成3层，再放入冰箱冰冻10分钟。
8. 待10分钟后将面片拿出继续擀薄，依此反复进行3次，拿出擀薄擀大。
9. 用圆形模具将面片压出一片圆形面皮，再取一片面片用小圆形模具压在中间，制成面片圈。
10. 取面片圈放在另一个大面片上，中间撒上熟红豆，即成面坯。
11. 将剩余的面片依次制成面坯放入烤盘中，发酵至两倍大。
12. 将烤盘放入预热好的烤箱内，关上箱门。
13. 将上火调为200℃，下火调为190℃，时间定为15分钟，烤至面包松软。
14. 待15分钟后，将烤盘取出，并将放凉后的面包装盘即可。

制作要点 *Tips*

用模具压花的时候可以在模具上抹点食用油，可以避免面片跟模具黏到一起。

葡萄干花环面包

参考分量：1个

那花环是春之女神头上王冠
那杏仁是王冠上耀眼的宝石
那葡萄是点缀在王冠上晶莹的珍珠
此刻它们正如星星一样
明亮地闪耀在安宁静谧的夜空之中

◉ 原料 *Ingredients* •

高筋面粉150克，牛奶75毫升，鸡蛋1个，细砂糖25克，盐2克，酵母3克，黄油25克，葡萄干30克，杏仁片适量

◉ 工具 *Tools* •

刮板1个，擀面杖1根，烤箱1台，高温布1张

◉ 做法 *Directions* •

1. 把高筋面粉倒在案板上，加入盐和酵母，用刮板混合均匀。
2. 再用刮板开窝，倒入鸡蛋和细砂糖，搅拌均匀后加入牛奶，并再次搅拌均匀。
3. 放入黄油，并拌入混合好的高筋面粉。
4. 制成湿面团，再放入葡萄干。
5. 揉搓成纯滑面团，把面团分成数个剂子，并将剂子搓成小面团。
6. 用擀面杖把面团擀成薄厚均匀的面皮。
7. 把面皮卷起，揉搓成细长条。
8. 按照同样的方法将余下面团揉搓成细长条状。
9. 将三根长面条一端捏在一起。
10. 按照扎马尾辫的方法将面条相互交叠。
11. 将面条放入垫有高温布的烤盘中，围成圆圈形状。
12. 生坯常温下发酵1.5小时，待生坯发酵好，约为原体积2倍时，撒上杏仁片。
13. 打开烤箱，放入面包生坯，准备烘烤，关上烤箱门，上、下火调均为190℃，烘烤时间设为15分钟，开始烘烤。
14. 打开烤箱门，把烤好的面包取出，稍放片刻即可食用。

制作要点 *Tips*

揉搓面团时要保持双手的干燥，否则面团不光泽，同时也会出现发黏的现象。

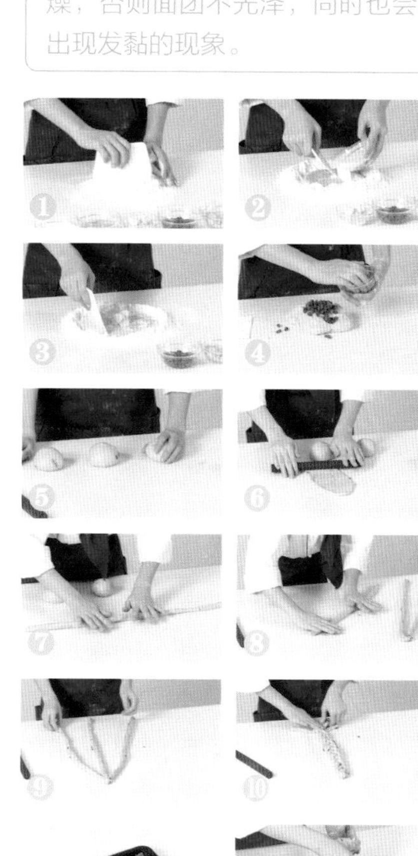

意大利披萨

参考分量：2个

熟悉的蔬菜
加上芝士的魔法
便融化成一掬浓香
正如我
遇见了来自远方的你

◉ 原料 *Ingredients* •

面 皮 高筋面粉200克，酵母3克，黄油20克，纯净水80毫升，盐1克，白糖10克，鸡蛋1个

馅 料 黄彩椒粒、红彩椒粒各30克，香菇片30克，虾仁60克，鸡蛋1个，芝士丁、洋葱丝各40克，炼乳20克，白糖30克，番茄酱适量

◉ 工具 *Tools* •

刮板、披萨圆盘各1个，擀面杖1根，叉子1把，烤箱1台

◉ 做法 *Directions* •

面皮的做法

1. 将高筋面粉倒入案板上，用刮板开窝。
2. 加入纯净水、白糖，搅拌均匀，加入酵母、盐，再次搅拌均匀，然后放入鸡蛋搅散。
3. 将材料混合均匀，倒入黄油，混匀，将混合物搓揉至纯滑。
4. 取一半面团，用擀面杖擀成饼状面皮。
5. 将面皮放入备好的披萨圆盘中，稍加修整，使面皮与披萨圆盘完整贴合。
6. 用叉子在面皮上均匀地扎出小孔。
7. 处理好的面皮放置在常温下发酵1小时。

馅料的做法

8. 在发酵好的面皮上挤入番茄酱，再放上香菇片。
9. 倒入打散的蛋液。
10. 放入虾仁和红彩椒粒。
11. 撒上白糖，加入洋葱丝和黄彩椒粒。
12. 淋入炼乳，撒上备好的芝士丁，披萨生坯即制成。

剩余部分的做法

13. 预热烤箱5分钟，将温度调至上、下火均为200℃，将披萨圆盘放入烤箱中烤10分钟至熟。
14. 取出烤好的披萨，待披萨温度适中时即可食用。

制作要点 *Tips*

在制作过程中，可依个人喜好决定白糖的用量。

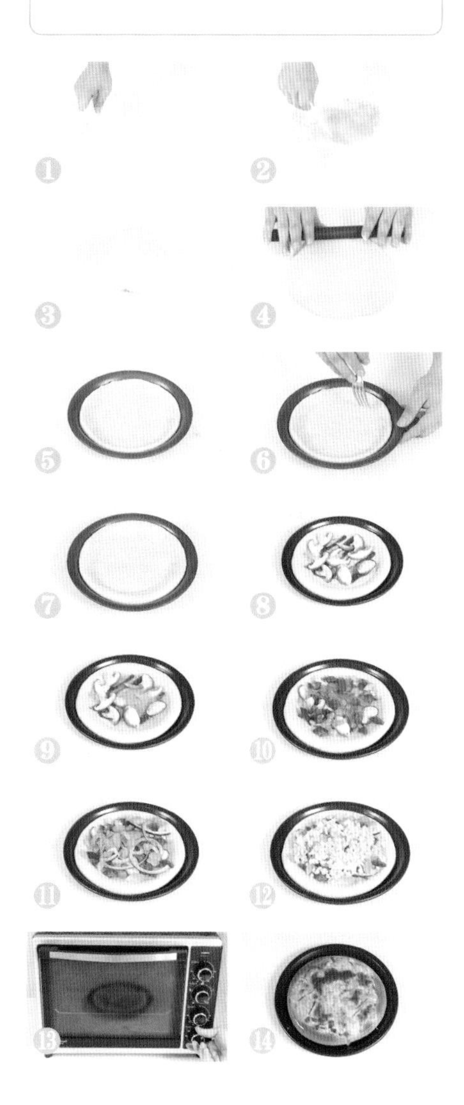

第五章

甜品点心，来自午后的心情小点

街角一间小小面包房，

透着橙黄灯光，隐约传来的浓浓香味，

吸引路过的人驻足观望。

精美的甜甜圈、香浓的蛋挞、酥软的泡芙，

似乎在提醒着我们，

是否每天都在不停忙碌，

是否已许久未和家人朋友们坐在一起说说话、聊聊天？

在甜点的世界里

静下来、慢下来，

和重要的人们一同享受这甜蜜时光，

享受这相依相伴的幸福。

甜甜圈

参考分量：3个

◉ 原料 *Ingredients*

高筋面粉250克，酵母4克，奶粉15克，黄油35克，纯净水100毫升，细砂糖50克，蛋黄25克，糖粉适量

◉ 工具 *Tools*

刮板、筛网、甜甜圈模具各1个，擀面杖1根，锅1个

◉ 做法 *Directions*

1. 将高筋面粉、酵母、奶粉倒在案板上，用刮板拌匀铺开。
2. 倒入细砂糖和蛋黄，拌匀。
3. 加入适量纯净水，搅拌均匀，用手按压成型。
4. 放入黄油，揉至表面纯滑，用擀面杖将面团擀薄。
5. 用甜甜圈模具进行压制，制成数个生坯。
6. 放入盘中，静置至其发酵至两倍大。
7. 锅中注油烧热，放入甜甜圈生坯，用小火炸至两面金黄。
8. 捞出炸好的材料，装盘待用，取筛网将糖粉筛在甜甜圈上，稍微放凉即可。

巧克力甜甜圈

参考分量：3个

◉ 原料 *Ingredients* •

高筋面粉250克，酵母4克，奶粉15克，黄油35克，纯净水100毫升，细砂糖50克，蛋黄25克，黑巧克力适量

◉ 工具 *Tools* •

刮板、甜甜圈模具、锅、碗、架子各1个，擀面杖1根，烘焙纸1张

◉ 做法 *Directions* •

1. 将高筋面粉、酵母、奶粉倒在案板上，用刮板拌匀铺开。
2. 倒入细砂糖和蛋黄，拌匀。
3. 加入适量纯净水，搅拌均匀，用手按压成型。
4. 放入黄油，揉至表面纯滑。
5. 用擀面杖把面团擀薄。
6. 用甜甜圈模具转动按压，制成数个生坯，将生坯放至盘中，静置片刻至其发酵至两倍大左右。
7. 锅中注油烧热，放入甜甜圈生坯，小火炸至金黄后捞出。
8. 黑巧克力装碗，隔水加热至其熔化成巧克力酱。
9. 备好烘焙纸和架子，放上甜甜圈，淋上巧克力酱即可。

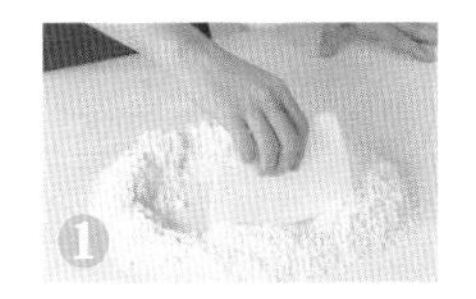

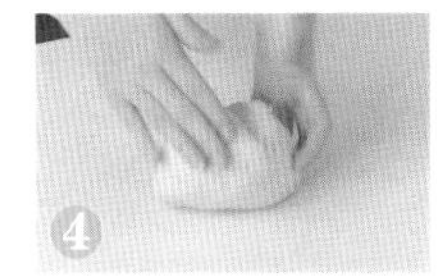

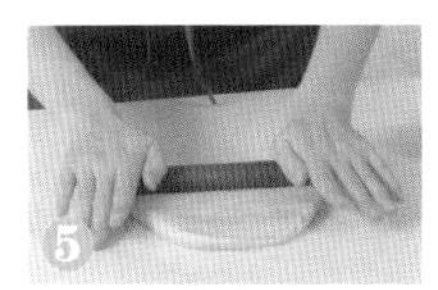

提拉米苏

参考分量：4个

◉ 原料 *Ingredients* •

吉利丁片10克，植物鲜奶油200克，芝士250克，蛋黄15克，细砂糖57克，纯净水50毫升，手抓饼干、可可粉各适量

◉ 工具 *Tools* •

搅拌器、保鲜袋、奶锅、筛网各1个，木棍1根，模具4个，冰箱1台

◉ 做法 *Directions* •

1. 将奶锅置于灶上，倒入细砂糖、纯净水，开小火搅至溶化。
2. 取一个容器，注入适量水，放入吉利丁片泡软。
3. 将泡软的吉利丁片放入奶锅中，用搅拌器搅匀至完全溶化。
4. 再加入植物鲜奶油和芝士，用搅拌器搅拌片刻使食材完全溶化。
5. 关火，倒入备好的蛋黄，稍稍搅拌片刻使食材充分混合。
6. 取保鲜袋撑开，将手抓饼干装入，用木棍敲打至完全粉碎。
7. 将饼干碎均匀地铺在模具底部。
8. 倒入调好的芝士糊，搁置到变凉。
9. 将放凉后的蛋糕放入冰箱冷藏1小时后取出，将可可粉倒入筛网，均匀筛在蛋糕上即可。

铜锣烧

参考分量：2个

◎ 原料 *Ingredients*

鸡蛋160克，低筋面粉240克，细砂糖80克，蜂蜜60克，食粉3克，纯净水6毫升，色拉油40克，牛奶15毫升，糖液适量

◎ 工具 *Tools*

电动搅拌器、玻璃碗、煎锅各1个，勺子、刷子各1把

◎ 做法 *Directions*

1. 取一个玻璃碗，倒入细砂糖和鸡蛋，用电动搅拌器搅拌至起泡。
2. 加入低筋面粉，充分搅拌均匀。
3. 再倒入食粉，拌匀，依次加入蜂蜜、水、色拉油、牛奶，搅拌均匀。
4. 煎锅置于灶上，用勺子舀适量面糊倒入锅中。
5. 用小火煎至表面起泡，翻一面煎至两面焦黄。
6. 盛出装入盘中，用刷子刷上一层薄薄的糖液。
7. 将剩余的面糊依次制成铜锣烧。
8. 装入盘中，刷上糖液即可食用。

椰挞

参考分量：6个

椰蓉的清香
如同自南国而来的海风
吹去心上的阴霾
用最朴实的甜美滋味
给你最温暖的呵护

◉ 原料 *Ingredients* •

皮部分 低筋面粉150克，糖粉100克，鸡蛋30克，黄油100克

馅料部分 色拉油、纯净水各125毫升，鸡蛋30克，椰蓉125克，糖100克，低筋面粉50克，泡打粉3克

◉ 工具 *Tools* •

搅拌器、锅、玻璃碗、刮板、裱花袋、长柄刮板各1个，蛋挞模6个，烤箱1台，剪刀1把

制作要点 *Tips*

在向挞皮挤入馅料时需用力均匀，不要挤得太满。

◉ 做法 *Directions* •

皮部分的做法

1. 将低筋面粉倒在案板上，用刮板开窝，加入糖粉和鸡蛋，搅拌均匀。
2. 加入黄油，一边翻搅一边按压混匀，制成平滑面团。

馅料部分的做法

3. 将一口锅置于灶上，加入色拉油、纯净水，开火加热。
4. 搅拌片刻后加入糖粉，搅至糖粉溶化。
5. 待糖粉全部溶化后关火，倒入椰蓉拌匀。
6. 加入低筋面粉和泡打粉，用搅拌器搅拌均匀，再加入鸡蛋，持续搅拌。
7. 将拌好的馅料倒入玻璃碗中。
8. 取一个裱花袋撑开，用长柄刮板填入调好的椰挞馅，封好。

挞坯的做法

9. 将面团搓成长条，切成大小均匀的小段，手上蘸干面粉，取面团搓圆。
10. 用拇指将面团压至跟蛋挞模贴合。
11. 将所有的模具填入挞皮，用剪刀将装有馅料的裱花袋尖端剪出口子。
12. 在挞皮内挤入馅料至8分满即成生坯。
13. 将生坯装入烤盘，放入预热好的烤箱。
14. 将上、下火均调为190℃，时间定为20分钟，烤至熟软，20分钟后取出烤盘，去除模具装盘即可。

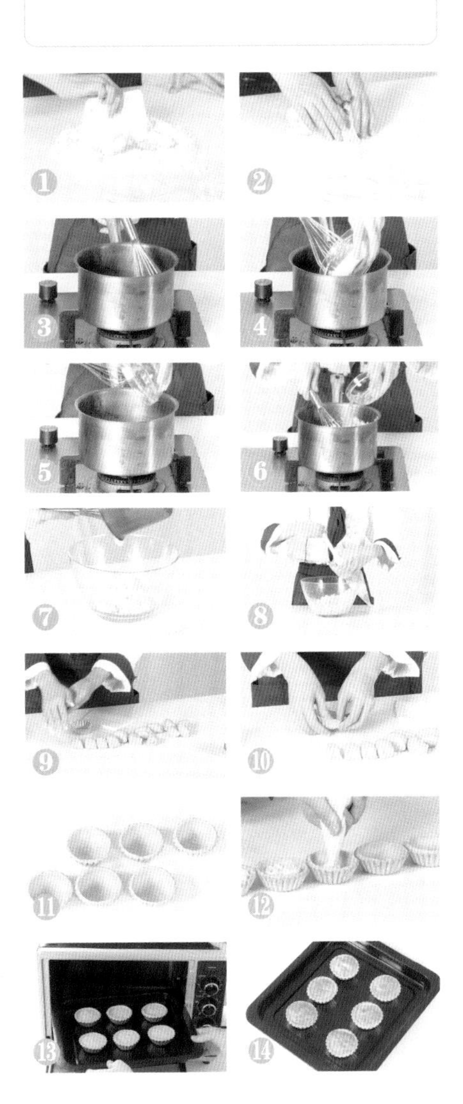

脆皮葡挞

参考分量：4个

◉ 原料 *Ingredients*

低筋面粉220克，高筋面粉30克，黄油40克，细砂糖55克，盐1.5克，片状酥油180克，蛋黄2个，牛奶100毫升，纯净水125毫升，鲜奶油100克，炼奶、芝士粉各适量

◉ 工具 *Tools*

擀面杖、筛网、搅拌器、圆形模具、碗、锅各1个，蛋挞模4个，冰箱1台

◉ 做法 *Directions*

1. 将低筋面粉、高筋面粉、细砂糖、盐、纯净水、黄油混匀搓成面团，静置10分钟。
2. 将面团擀平，放入片状酥油。
3. 盖上面皮擀薄，对折4次后放入冰箱冷藏10分钟，重复操作3次。
4. 将面皮擀薄，用圆形模具压出4块面皮，放入蛋挞模捏紧。
5. 将牛奶和细砂糖放入锅中，加入炼奶煮沸，倒入鲜奶油和芝士粉搅匀。
6. 将浆液倒入碗中，加入蛋黄，用搅拌器搅成葡挞液。
7. 把葡挞液用筛网过筛两次，倒入蛋挞模中，至八分满。
8. 将烤箱温度调成上火220℃、下火220℃，烤10分钟至熟即可。

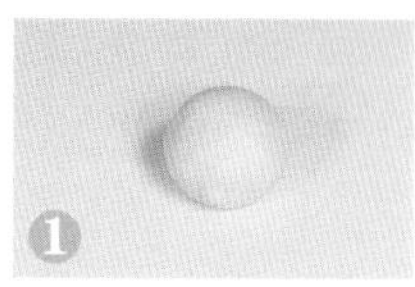

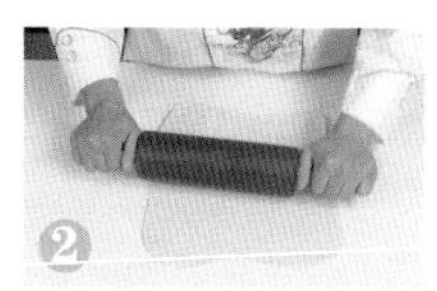

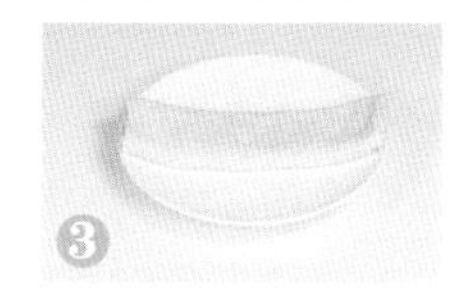

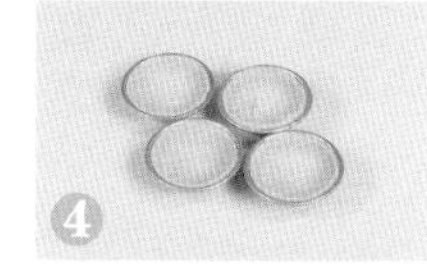

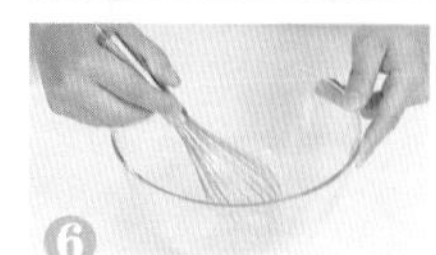

蛋挞

参考分量：4个

◎ 原料 *Ingredients*

鸡蛋液200克，细砂糖100克，纯净水250毫升，蛋挞皮适量

◎ 工具 *Tools*

玻璃碗、搅拌器、量杯、筛网各1个，烤箱1台

◎ 做法 *Directions*

1. 将细砂糖倒进容器中。
2. 加入纯净水，搅拌均匀。
3. 倒入鸡蛋液，用搅拌器搅拌至起泡。
4. 用筛网将蛋液过滤至量杯中一次。
5. 用筛网将蛋液再过滤一次。
6. 取备好的蛋挞皮，放入烤盘中，把过滤好的蛋液倒入蛋挞皮内，约八分满即可。
7. 打开烤箱，将烤盘放入烤箱中。
8. 关上烤箱，以上火150℃、下火160℃的温度烤10分钟至熟，取出装盘即可。

葡式蛋挞

参考分量：4个

◉ 原料 *Ingredients* •

牛奶100毫升，鲜奶油100克，蛋黄30克，细砂糖5克，炼奶5克，芝士粉3克，蛋挞皮适量

◉ 工具 *Tools* •

搅拌器、量杯、奶锅、筛网各1个，烤箱1台

◉ 做法 *Directions* •

1. 将奶锅置于火上，倒入牛奶，加入细砂糖。
2. 开小火，加热至细砂糖全部溶化，并搅拌均匀。
3. 倒入鲜奶油，煮至溶化。
4. 加入炼奶，用搅拌器拌匀，倒入芝士粉，再次拌匀。
5. 倒入蛋黄拌匀，关火待用。
6. 用筛网将蛋液过滤至量杯中。
7. 备好蛋挞皮，把拌好的材料倒入蛋挞皮，约八分满即可。
8. 将烤盘放入烤箱中，以上火150℃、下火160℃的温度烤10分钟至熟，取出即可。

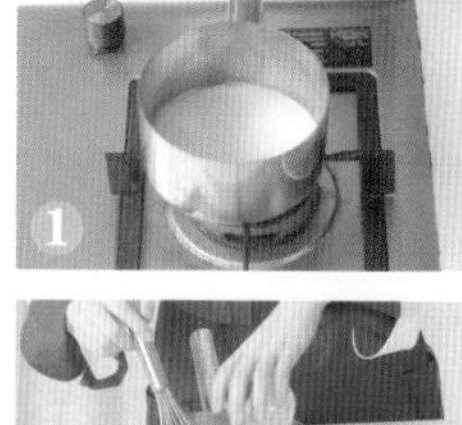

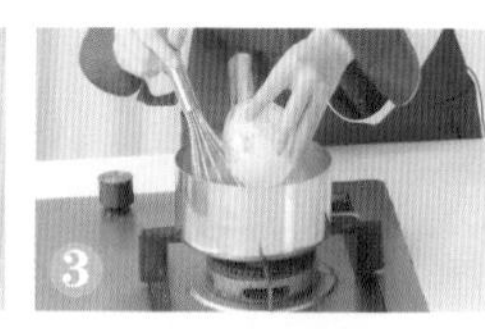

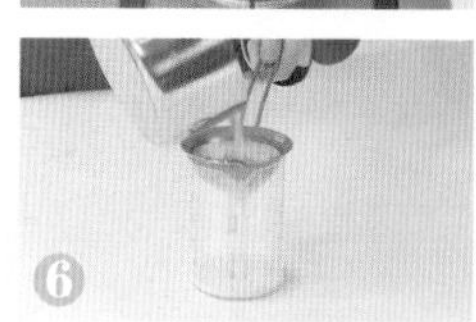

水果泡芙

参考分量：8个

◉ 原料 *Ingredients* •

牛奶110毫升，纯净水35毫升，黄油55克，低筋面粉75克，盐3克，鸡蛋2个，已打发的鲜奶油适量，什锦水果适量

◉ 工具 *Tools* •

玻璃碗、锅、勺子各1个，电动搅拌器、烤箱各1台，裱花袋2个，剪刀、小刀各1把，烘焙纸1张

◉ 做法 *Directions* •

1. 锅中倒入牛奶，加入纯净水，用小火加热片刻，加入盐拌匀。
2. 倒入黄油搅拌至溶化，关火后加入低筋面粉，搅匀成面糊。
3. 将锅中面糊倒入玻璃碗中，加入鸡蛋，用电动搅拌器搅匀。
4. 倒入另一个鸡蛋，拌匀，蛋糕浆制成。
5. 将蛋糕浆装入裱花袋，用剪刀在顶部剪一个大小恰当的洞。
6. 烤盘内垫上烘焙纸，挤入数个大小均等的生坯，并将烤盘放入烤箱中，以上火200℃、下火200℃的温度烤20分钟至熟。
7. 取出烤盘，将鲜奶油装进另一个裱花袋里，顶部剪洞。
8. 将泡芙侧面用小刀切开，把鲜奶油挤进泡芙切开的小口里。
9. 挤好鲜奶油的小口中逐一用勺子放入什锦水果，装盘即可。

制作要点 *Tips*

如果没有鲜奶油，可以用巧克力酱、果酱等代替作为泡芙内馅。

奶油泡芙

● 参考分量：15个

温馨芳润的香气
宛如一只纯白蝴蝶
飘舞翩翩来到鼻尖
仿佛受到这灵性的感染
简简单单
也能如此生动

◉ 原料 *Ingredients* •

牛奶110克，纯净水35克，黄油55克，低筋面粉75克，盐3克，鸡蛋40克，植物奶油、糖粉各适量

◉ 工具 *Tools* •

电动搅拌器、长柄刮板、抹刀、裱花嘴、奶锅、筛网各1个，裱花袋2个，剪刀1把，烤箱1台

◉ 做法 *Directions* •

1. 将奶锅置于灶上，将牛奶、纯净水倒入，用抹刀搅均使其沸腾。
2. 加入备好的黄油，用抹刀搅拌至黄油完全溶化后加入盐。
3. 关火，倒入低筋面粉，用抹刀搅匀，制成面团。
4. 将搅拌好的面团倒入容器中，分次加入两个鸡蛋，并用电动搅拌器打匀。
5. 将裱花嘴装入裱花袋内，撑开裱花袋。
6. 用长柄刮板将材料搅拌片刻，然后装入裱花袋中。
7. 在裱花袋尖端剪出一个小口，烤盘中分次挤上面糊。
8. 将烤盘放入预热好的烤箱内。
9. 将上火调为190℃，下火调为200℃，时间定为20分钟，烤至蛋糕松软。
10. 20分钟后将烤盘取出。
11. 将植物奶油倒入容器中，用电动搅拌器打至呈鸡尾状。
12. 将打发好的奶油装入另一个裱花袋中，用剪刀在尖端剪出一个小口。
13. 用拇指在放凉的泡芙底部戳出一个小洞，将植物奶油挤入泡芙中。
14. 将剩余的泡芙依次挤入奶油，并用筛网筛上糖粉，再将做好的泡芙装盘即可。

制作要点 *Tips*

烤泡芙的温度要适宜，太高会提早成熟，太低不利膨胀。烤时不要开烤箱，否则影响泡芙膨胀。

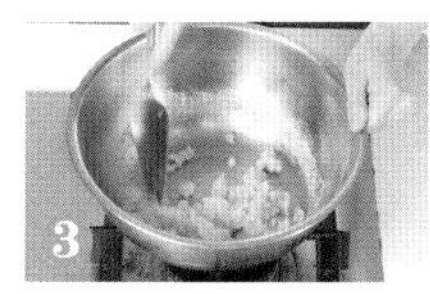

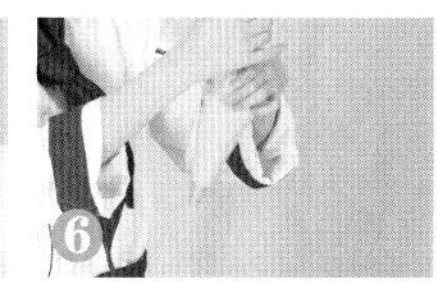

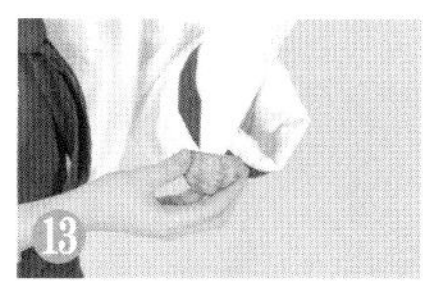

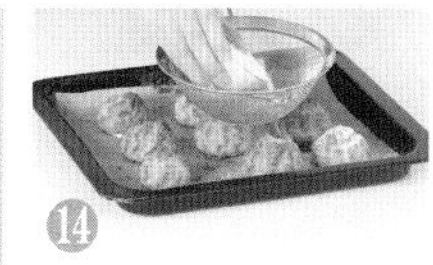

冰淇淋泡芙

参考分量：9个

◎ 原料 *Ingredients*

低筋面粉75克，黄油55克，鸡蛋2个，牛奶110毫升，纯净水75毫升，糖粉、冰淇淋各适量

◎ 工具 *Tools*

裱花袋、抹刀、电动搅拌器、玻璃碗、锅、筛网各1个，剪刀、小刀各1把，高温布1张

◎ 做法 *Directions*

1. 锅放置火上，倒入纯净水，再将牛奶和黄油放入锅中，用抹刀拌匀，煮沸。
2. 关火后放入低筋面粉，拌匀，倒入玻璃碗中，用电动搅拌器搅拌。
3. 将鸡蛋逐个倒入玻璃碗中，拌匀成面糊。
4. 把面糊装入裱花袋中。
5. 取铺有高温布的烤盘，用剪刀将裱花袋尖端剪去一个小口，均匀挤出9份面糊。
6. 用上火170℃、下火180℃的温度，烤10分钟。
7. 取出烤盘，将烤好的泡芙装入盘中，把泡芙中间用小刀切一刀，但不切断。
8. 填入适量冰淇淋，将糖粉用筛网过筛至冰淇淋泡芙上即可。

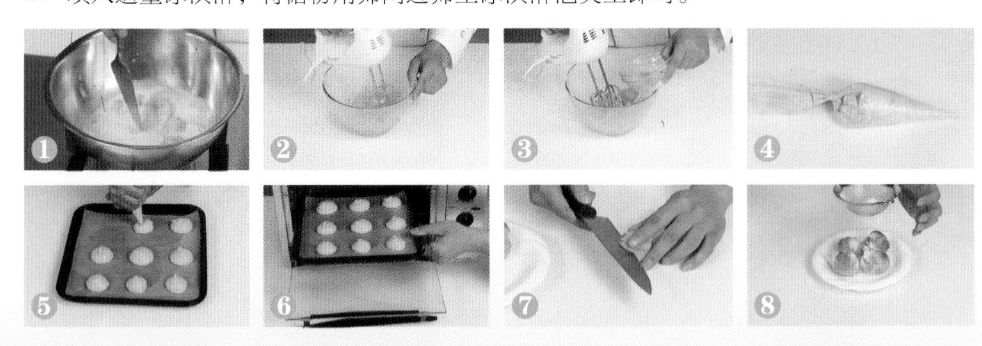

日式泡芙

参考分量：8个

◉ 原料 *Ingredients*

奶油60克，高筋面粉60克，鸡蛋2个，牛奶60毫升，纯净水60毫升，植物鲜奶油300克，糖粉适量

◉ 工具 *Tools*

电动搅拌器、抹刀、刮板、裱花嘴各1个，裱花袋2个，保鲜膜适量，锡纸1卷，小刀1把，锅1个

◉ 做法 *Directions*

1. 将锅放置火上，依次加入纯净水、牛奶、奶油。
2. 搅拌均匀后关火，倒入高筋面粉，拌成面团。
3. 打入一个鸡蛋，用电动搅拌器拌匀，再加入一个鸡蛋，拌至起浆。
4. 将泡芙浆装入裱花袋中，将锡纸放在烤盘上。
5. 将泡芙浆挤到锡纸上呈宝塔状。
6. 将泡芙浆放入预热好的烤箱中，以上火190℃、下火200℃烤20分钟至金黄色后取出。
7. 将植物鲜奶油用电动搅拌器慢速搅拌5分钟。
8. 将植物鲜奶油装入另一个裱花袋中，用小刀将泡芙横切一道口子。
9. 将植物鲜奶油挤到泡芙中，撒上糖粉即可。

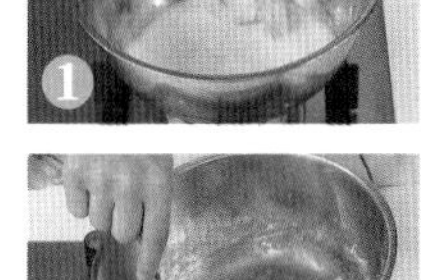

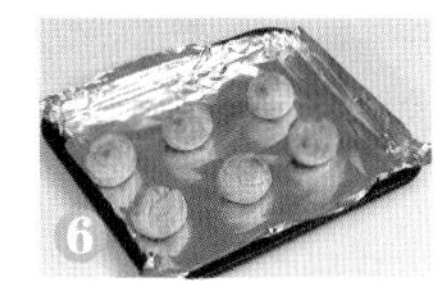

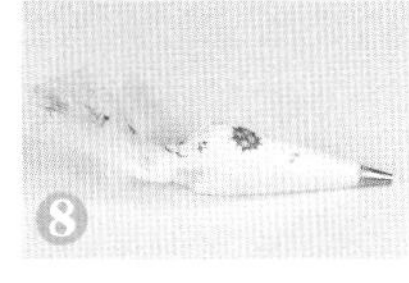
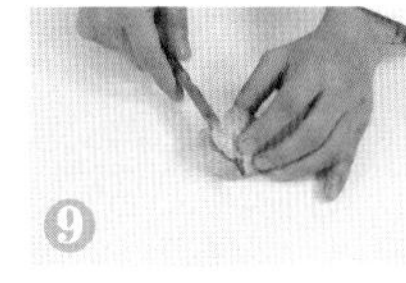

鲜果派

参考分量：1个

一杯纯牛奶调理一份心情
一块鲜果派焕发一处感觉
新鲜葡萄
应季鲜果
美食[illegible]
予我一份海阔天空

◉ 原料 *Ingredients* •

鲜果派皮 黄油100克，细砂糖5克，牛奶60毫升，低筋面粉200克

鲜果派馅 黄油、细砂糖、杏仁粉各50克，鸡蛋1个

其他材料 蓝莓、葡萄、猕猴桃各适量

◉ 工具 *Tools* •

玻璃碗、搅拌器、刮板、派盘各1个，擀面杖1根，烤箱1台

制作要点 *Tips*

派的边缘不宜太厚，以免烤制出来影响口感。

◉ 做法 *Directions* •

鲜果派皮的做法

1. 案板上倒入低筋面粉，并用刮板开窝。
2. 倒入细砂糖和牛奶，拌匀，加入黄油和低筋面粉，混合均匀。
3. 搓揉成纯滑面团。
4. 将面团用擀面杖擀成约半厘米厚的面皮。
5. 备好派盘，将面皮铺在派盘上，按压紧实，填满派盘。
6. 边缘多余面皮用刮板去除，将边缘修剪齐整，待用。

鲜果派馅的做法

7. 取一玻璃碗，倒入杏仁粉、鸡蛋、细砂糖、黄油。
8. 用搅拌器搅拌均匀，制成馅料。
9. 用刮板将馅料倒入派皮中，填平。

派的做法

10. 准备好烤盘，把装有材料的派盘放入烤箱内。
11. 将温度调至上火180℃、下火180℃，烤30分钟至熟。
12. 取出烤盘，将烤好的派脱模，放入备好的盘中。
13. 派的表面先放入一圈洗净的葡萄。
14. 再放入一圈切好的猕猴桃，最后中间再倒上一些洗净的蓝莓即可。

提子派

参考分量：1个

◉ 原料 *Ingredients* •

细砂糖55克，低筋面粉200克，牛奶60毫升，黄油150克，杏仁粉50克，鸡蛋1个，提子适量

◉ 工具 *Tools* •

刮板、搅拌器、派皮模具各1个，小刀1把，保鲜膜1张，冰箱1台

◉ 做法 *Directions* •

1. 低筋面粉用刮板开窝，加入细砂糖和牛奶搅匀。
2. 加入黄油和成面团，用保鲜膜包好、压平，放入冰箱冷藏30分钟。
3. 派皮模具盖上底盘，放上面皮压紧。
4. 将细砂糖和鸡蛋倒入容器中拌匀。
5. 加入杏仁粉和黄油，用搅拌器搅拌至糊状。
6. 将面糊倒入模具内至五分满，抹平。
7. 烤箱温度调成上火180℃、下火180℃，将生坯放入烤箱中烤约25分钟至其熟透。
8. 取出烤盘，放凉后脱模装盘，将用小刀雕成莲花状的提子摆在派上即可。

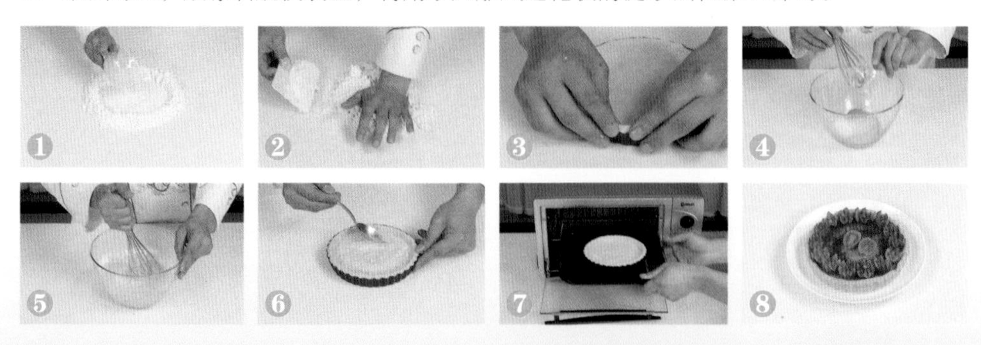

苹果派

参考分量：1个

◉ 原料 *Ingredients* •

黄油150克，细砂糖55克，牛奶60毫升，低筋面粉200克，鸡蛋1个，杏仁粉50克，苹果片适量

◉ 工具 *Tools* •

刮板、派皮模具、搅拌器、玻璃碗各1个，烤箱1台

◉ 做法 *Directions* •

1. 将低筋面粉倒在案板上，用刮板铺匀、开窝。
2. 加入5克细砂糖，加入牛奶，再倒入100克黄油和匀。
3. 将材料融合，揉搓成面团，擀薄成0.3厘米左右厚度的面皮。
4. 取派皮模具，放入面皮，压实，修齐边缘，待用。
5. 另取一玻璃碗，倒入杏仁粉、鸡蛋，加入50克细砂糖、50克黄油，用搅拌器匀速搅拌片刻，至糖分完全溶化，即成馅料。
6. 将部分馅料盛入派皮中，撒上苹果片。
7. 盛入余下的馅料，填满，铺开、摊平，即成苹果派生坯。
8. 生坯入烤箱，以上、下火同为180℃的温度烤约30分钟至熟。
9. 断电后取出烤盘，放凉后脱模，摆盘即成。

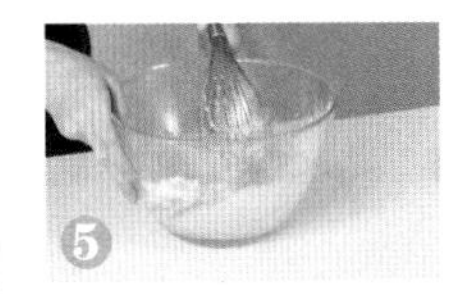

黄桃派

● 参考分量：1个

◉ 原料 *Ingredients* •

细砂糖55克，低筋面粉200克，牛奶60毫升，黄油150克，杏仁粉50克，鸡蛋1个，黄桃肉60克

◉ 工具 *Tools* •

刮板、搅拌器、派皮模具各1个，保鲜膜1张，冰箱、烤箱各1台

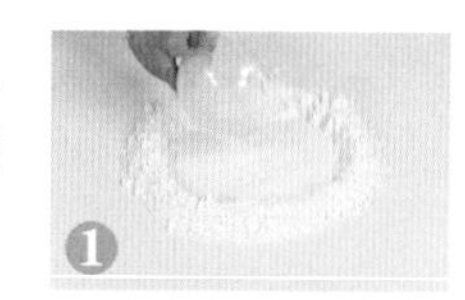

◉ 做法 *Directions* •

1. 将低筋面粉用刮板开窝，加入5克细砂糖和60毫升牛奶搅匀。
2. 加入黄油和成面团，用保鲜膜包好压平，放入冰箱冷藏30分钟。
3. 派皮模具盖上底盘，放入面皮压紧。
4. 将50克细砂糖和鸡蛋一同倒入容器中，拌匀。
5. 加入杏仁粉和黄油，搅拌至糊状。
6. 倒入模具内至五分满并抹匀。
7. 把烤箱温度调成上、下火均为180℃，烤约25分钟，至其熟透。
8. 取出烤盘，放置片刻至凉，去除模具，将烤好的派装盘。
9. 用小刀将黄桃肉切成薄片，把切好的黄桃摆放在派上即可。

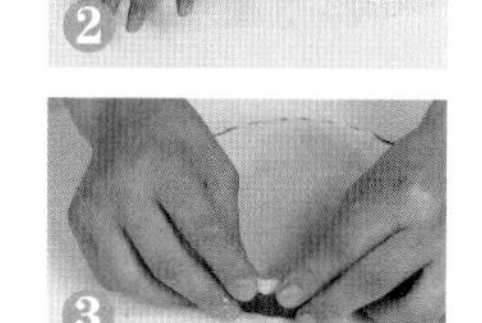

花生巧克力棒

参考分量：10个

◉ 原料 *Ingredients* •

黄油45克，糖粉50克，蛋黄20克，低筋面粉100克，花生碎25克，可可粉12克，小苏打2克

◉ 工具 *Tools* •

刮板1个，擀面杖1根，刀1把，烤箱1台

◉ 做法 *Directions* •

1. 将低筋面粉倒在案板上，加入可可粉、小苏打搅拌均匀。
2. 在中间掏一个窝，加入糖粉、蛋黄，在中间搅拌均匀。
3. 倒入黄油，用四周的粉将中间覆盖。
4. 一边翻搅一边按压，使面团纯滑。
5. 加入备好的花生碎，揉捏均匀。
6. 用擀面杖将面团擀成0.3厘米厚的面皮。
7. 用刀将面皮四周不平整的地方修掉。
8. 将修好的面皮切成宽度一致的条形。
9. 将饼坯放入烤盘，再放入预热好的烤箱，将上火调为170℃，下火调为170℃，时间定为15分钟，烤熟后取出即可。

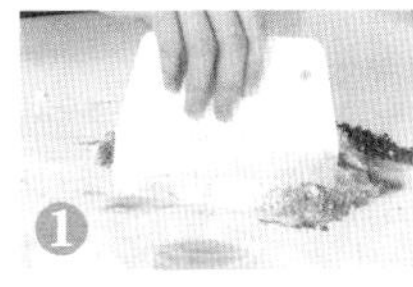

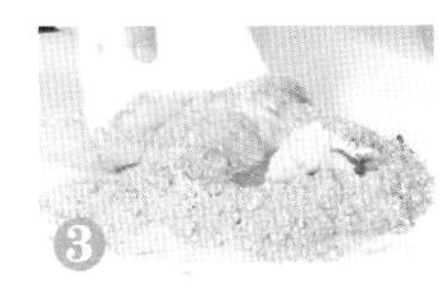

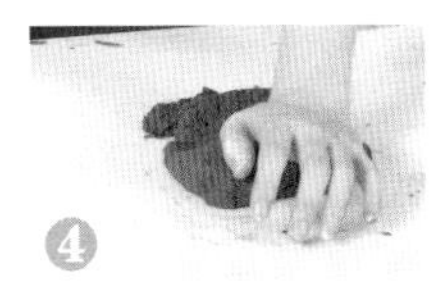

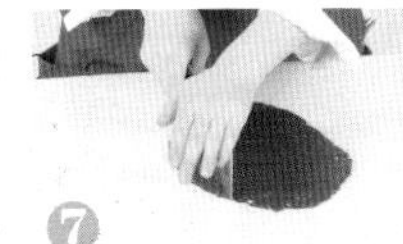

巧克力燕麦能量球

● 参考分量：9个

◉ 原料 *Ingredients* •

燕麦120克，高筋面粉、细砂糖、黄油各40克，奶粉20克，黑巧克力液100克，蛋黄10克

◉ 工具 *Tools* •

长柄刮板1个，烘焙纸1张，烤箱1台

◉ 做法 *Directions* •

1. 将黑巧克力液倒入容器中，加入黄油，搅拌均匀。
2. 放入蛋黄拌匀，撒上细砂糖，倒入奶粉，再次拌匀。
3. 倒入高筋面粉，拌匀，放入燕麦，搅拌至食材呈糊状。
4. 再分成数等份，搓成圆球生坯。
5. 烤盘中铺上一张大小适合的烘焙纸，放入生坯，摆放好。
6. 烤箱预热5分钟后放入烤盘。
7. 关好烤箱门，以上、下火均为180℃的温度烤约20分钟，至食材熟透。
8. 断电后取出烤盘，稍稍冷却后把成品摆在盘中即可。

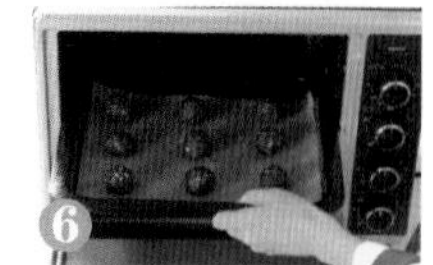

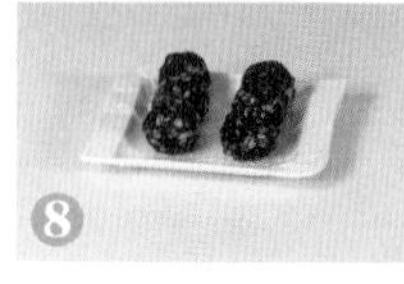

黄金椰蓉球

参考分量：16个

◉ 原料 *Ingredients*

椰蓉粉130克，黄油40克，糖粉40克，蛋黄30克，奶粉15克，牛奶5毫升

◉ 工具 *Tools*

电动搅拌器1个，烤箱1台

◉ 做法 *Directions*

1. 将黄油和糖粉加入容器中，拌匀。
2. 倒入牛奶，搅拌均匀。
3. 放入蛋黄和奶粉拌匀。
4. 倒入椰蓉粉，搅拌均匀待用。
5. 把拌好的食材捏成数个椰蓉球生坯。
6. 放入烤盘中。
7. 打开烤箱，将烤盘放入烤箱中。
8. 关上烤箱，以上火170℃、下火170℃的温度烤20分钟至熟，取出装盘即可。

虽只是平凡人家的日常食物
也有其独特的淡雅与平静
悄然熏染人心
让人满怀欢喜

日式乳酪球

参考分量：8个

◉ 原料 *Ingredients* •

高筋面粉250克，酵母4克，奶粉、蛋黄各25克，黄油35克，纯净水200毫升，细砂糖、低筋面粉各100克，蛋糕油5克

◉ 工具 *Tools* •

刮板、电动搅拌器、裱花袋各1个，剪刀1把，蛋糕纸杯4个，电子秤、烤箱各1台

◉ 做法 *Directions* •

1. 将高筋面粉、酵母、15克奶粉倒在案板上，用刮板拌匀铺开。
2. 倒入50克细砂糖和蛋黄，拌匀。
3. 加入100毫升纯净水，搅拌均匀，用手按压成型。
4. 加入黄油，揉至表面纯滑。
5. 准备电子秤，称取4个60克左右的面团。
6. 将面团揉成圆球形状，放入蛋糕纸杯中。
7. 静置片刻，至其发酵至两倍大左右。
8. 将50克细砂糖倒进容器，加入100毫升纯净水。
9. 用电动搅拌器搅拌均匀。
10. 加入低筋面粉、10克奶粉、蛋糕油。
11. 拌好待用。
12. 将准备好的裱花袋撑开，放入已经拌好的材料。
13. 用剪刀在裱花袋尖端剪出一个合适大小的口，将材料挤在发酵好的面团上，放上烤盘待用。
14. 打开烤箱，将烤盘放入烤箱中，关上烤箱，以上火170℃、下火170℃的温度烤15分钟至熟，取出烤盘，把烤好的乳酪球装入盘中即可。

制作要点 *Tips*

面团多揉片刻，不仅能使各种食材均匀散开，也能使成品的口感更爽滑。

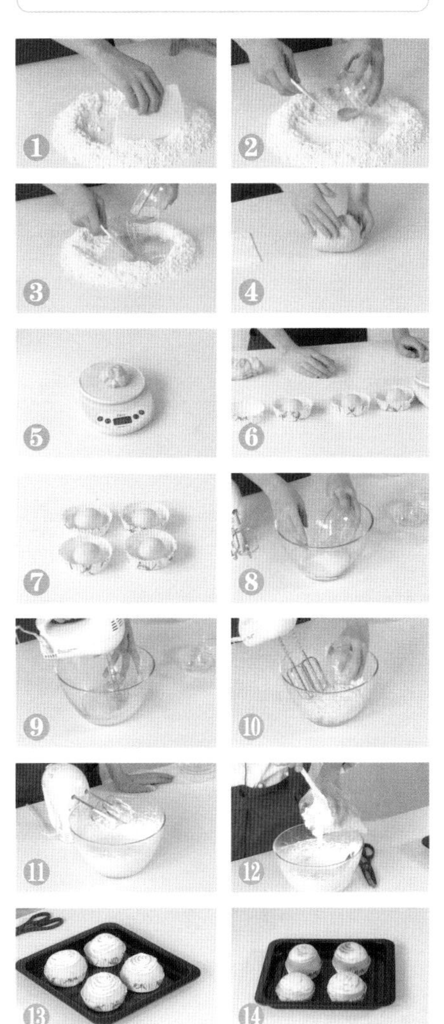

绿茶酥

参考分量：6个

清新典雅
充满诗情画意
悠然洒脱
一道雪白
一道翠绿
如流云映照着弯弯碧水
如翩跹少女湖面的曼妙舞姿

◉ 原料 *Ingredients* •

水油皮 中筋面粉150克，细砂糖35克，猪油40克，纯净水60毫升

油酥 低筋面粉100克，猪油50克，绿茶粉3克

其他部分 莲蓉馅适量

◉ 工具 *Tools* •

刮板1个，烘焙纸1张，擀面杖1根，烤箱1台

◉ 做法 *Directions* •

水油皮的做法

1. 将中筋面粉倒在案板上，用刮板开窝。
2. 加入细砂糖，注入纯净水，轻轻搅动，放入猪油，拌匀至糖分溶化。
3. 再用力揉搓片刻，至材料纯滑，即成水油皮面团，待用。

油酥的做法

4. 将低筋面粉倒在案板上，撒上绿茶粉，和匀，用刮板开窝。
5. 放入猪油拌匀，再揉搓片刻，至材料纯滑，即成油酥面团，待用。
6. 取油酥面团，擀片刻，制成0.5厘米左右厚度的薄皮。
7. 再把水油皮面团压平，放在面皮上。
8. 折起面皮，再擀片刻，擀成0.3厘米左右厚度的薄片。
9. 卷起薄片呈圆筒状，分成数个小剂子。

其他部分的做法

10. 将小剂子擀薄，盛入适量莲蓉馅，包好，收紧口。
11. 做成数个绿茶酥生坯，放在垫有烘焙纸的烤盘中。
12. 烤箱预热5分钟后放入烤盘。
13. 关好烤箱门，以上、下火同为180℃的温度烤约25分钟，至食材熟透。
14. 取出烤盘，将成品摆放在盘中即可。

制作要点 *Tips*

水油皮和油酥和在一起后，最好多擀几次，这样绿茶粉的清香才会渗入到面团中。

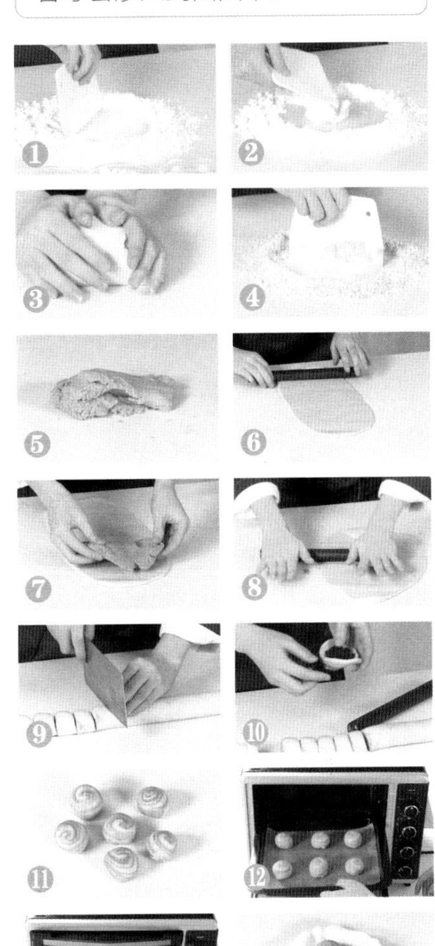

奶香核桃酥

● 参考分量：8个

◉ 原料 *Ingredients* •

低筋面粉250克，泡打粉3克，猪油、细砂糖各100克，鸡蛋20克，奶粉25克，纯净水25毫升，小苏打5克，蛋黄30克，核桃适量

◉ 工具 *Tools* •

刮板、刷子各1个，烤箱1台，小刀1把

◉ 做法 *Directions* •

1. 将低筋面粉、泡打粉、奶粉倒在案板上，搅拌均匀。
2. 在中间开窝，加入细砂糖和鸡蛋，在中间搅拌均匀。
3. 倒入纯净水和小苏打搅匀，加入猪油，用四周的粉盖住中间食材。
4. 一边翻搅一边按压，使面团纯滑。
5. 将面团搓成宽长条，用小刀切成大小一致的块。
5. 取适量的面团搓圆，放入烤盘按压成圆饼状。
6. 将蛋液用刷子刷一层在酥饼上，在饼坯的中间放上核桃。
7. 将剩余的面团依次做成核桃酥坯。
8. 将烤盘放入预热好的烤箱内，关好烤箱。
9. 以上火180℃、下火160℃的温度，烤15分钟，取出装盘即可。

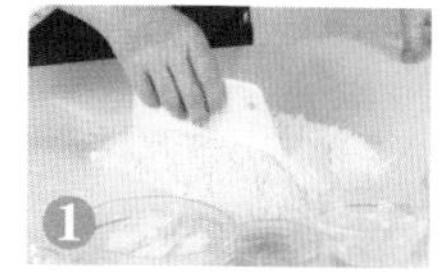

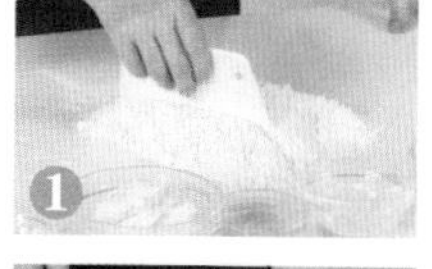

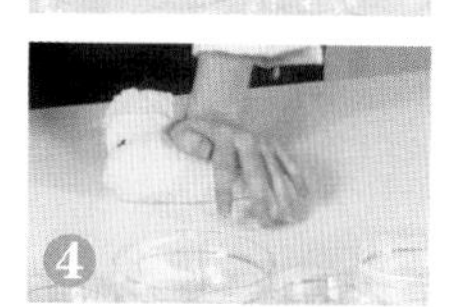

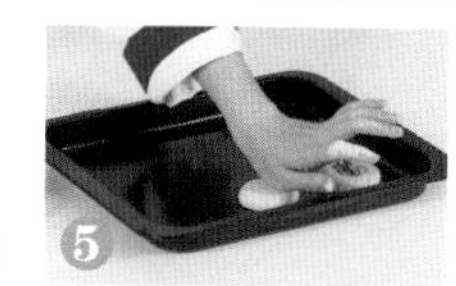

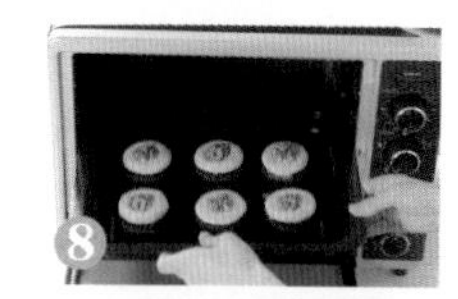

桃酥

参考分量：15个

◉ 原料 *Ingredients*

低筋面粉200克，蛋黄25克，泡打粉3克，苏打粉2克，核桃60克，细砂糖70克，玉米油120克，盐少许

◉ 工具 *Tools*

刮板1个，烤箱1台

◉ 做法 *Directions*

1. 将低筋面粉、泡打粉、苏打粉依次倒于案板上，用刮板拌匀后铺开。
2. 依次加入盐、细砂糖、蛋黄，搅拌均匀。
3. 放入玉米油，揉至被面粉充分吸收。
4. 将面粉按压成型。
5. 放入核桃，继续按压均匀。
6. 将面团捏成数个圆形桃酥生坯。
7. 将捏好的生坯摆入烤盘，待用。
8. 将烤盘放入烤箱，以上火180℃、下火160℃的温度烤15分钟至熟，取出装盘即可。

风车酥

参考分量：3个

◉ 原料 *Ingredients* •

低筋面粉220克，高筋面粉30克，黄油40克，细砂糖5克，盐1.5克，纯净水125毫升，片状酥油180克，蛋黄液、草莓酱各适量

◉ 工具 *Tools* •

擀面杖、刮板各1个，量尺、小刀、刷子各1把，烤箱、冰箱各1台

◉ 做法 *Directions* •

1. 将低筋面粉和高筋面粉倒在案板上，用刮板开窝，倒入细砂糖、盐、纯净水拌匀。
2. 拌匀后，加入黄油揉匀，静置10分钟。
3. 将片状酥油用擀面杖擀平，放入擀平的面团中。
4. 盖上面皮，擀薄，对折四次，放入冰箱，冷藏10分钟，重复上述操作3次。
5. 将面皮擀薄切开，切成正方形的三等份。
6. 四角各用小刀划一刀，取其中一边呈顺时针方向，往中间按压，呈风车形状。
7. 依此将其余两块面皮制作成风车形状，用刷子刷上适量蛋黄液，中间放入草莓酱。
8. 将烤箱上、下火均调至200℃，烤20分钟后，取出装盘即可。

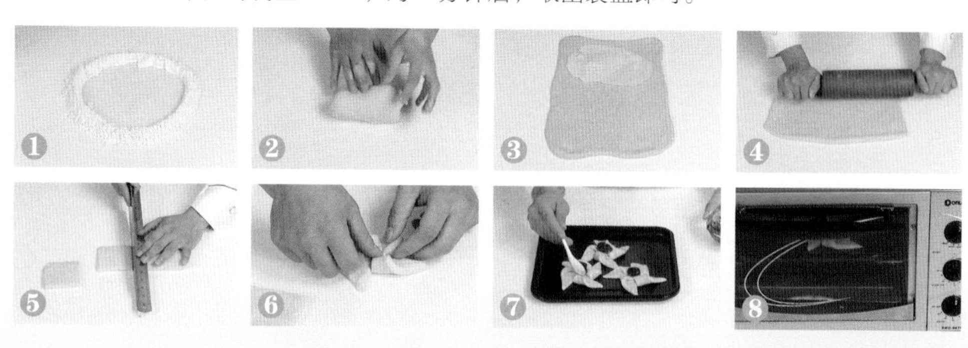

扭酥

参考分量：4个

◉ 原料 *Ingredients*

低筋面粉220克，高筋面粉30克，黄油40克，细砂糖5克，盐1.5克，纯净水125毫升，片状酥油180克，蛋黄液适量

◉ 工具 *Tools*

擀面杖1个，量尺、小刀、刷子各1把，烤箱、冰箱各1台

◉ 做法 *Directions*

1. 将低筋面粉和高筋面粉倒在案板上，开窝，倒入细砂糖、盐、纯净水拌匀。
2. 拌匀后，加入黄油揉匀，静置10分钟。
3. 将片状酥油用擀面杖擀平，之后放入已擀平的面团中。
4. 盖上面皮，擀薄，对折四次，放入冰箱，冷藏10分钟，重复上述操作3次。
5. 将面皮擀薄，用小刀切出4小块面皮，长、宽分别为10厘米、2.5厘米。
6. 刷上蛋黄液，扭转制成扭酥生坯。
7. 放入烤盘，再次刷上适量蛋黄液。
8. 将烤盘放入烤箱中，上火调成200℃，下火调成200℃，烤20分钟至熟，取出即可。

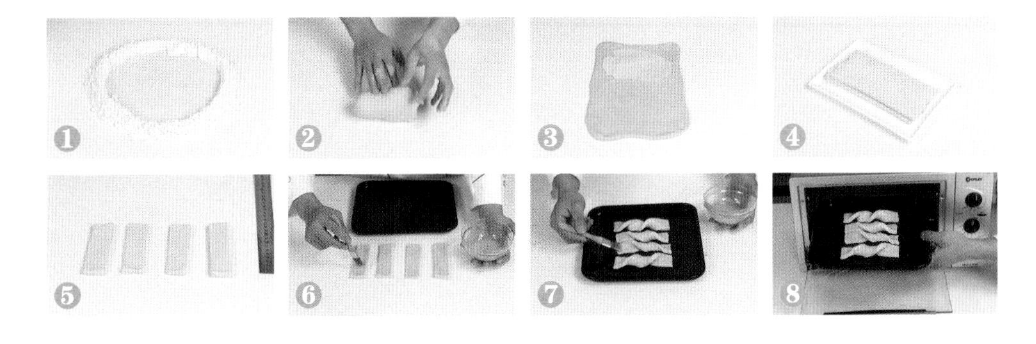

这一抹殷红
如满怀柔情的真心
如颜色娇嫩的双唇
盼你珍惜

樱桃布丁

参考分量：4个

◉ 原料 *Ingredients* •

牛奶500毫升，全蛋3个，蛋黄30克，细砂糖240克，纯净水40毫升，热水10毫升，樱桃适量

◉ 工具 *Tools* •

搅拌器、量杯、筛网、碗、奶锅各1个，小刀1把，模具4个，烤箱1台

◉ 做法 *Directions* •

1. 把洗净的樱桃用小刀切成小丁状，装入碗中，待用。
2. 将奶锅至于火上，倒入牛奶，再加入细砂糖拌匀。
3. 开小火，搅拌均匀至细砂糖溶化，关火待用。
4. 加入全蛋和蛋黄，将蛋液打散搅匀。
5. 用筛网将蛋液过滤一次，再将其倒入量杯中。
6. 用筛网将蛋液再过滤一次。
7. 倒入切好的樱桃，待用。
8. 将细砂糖全部倒入锅中，加入纯净水，开小火煮至溶化。
9. 加入10毫升热水。
10. 在模具中倒入少量糖水。
11. 再倒入布丁液，至七分满即可。
12. 把樱桃布丁放入烤盘中，在盘中加入少量水。
13. 打开烤箱门，将烤盘放入已经预热好的烤箱中。
14. 关上烤箱，以上火160℃、下火160℃的温度烤20分钟至熟，取出冷藏半个小时后将布丁倒扣在盘中即成。

制作要点 *Tips*

制作布丁时，先将樱桃去核，会更方便食用。

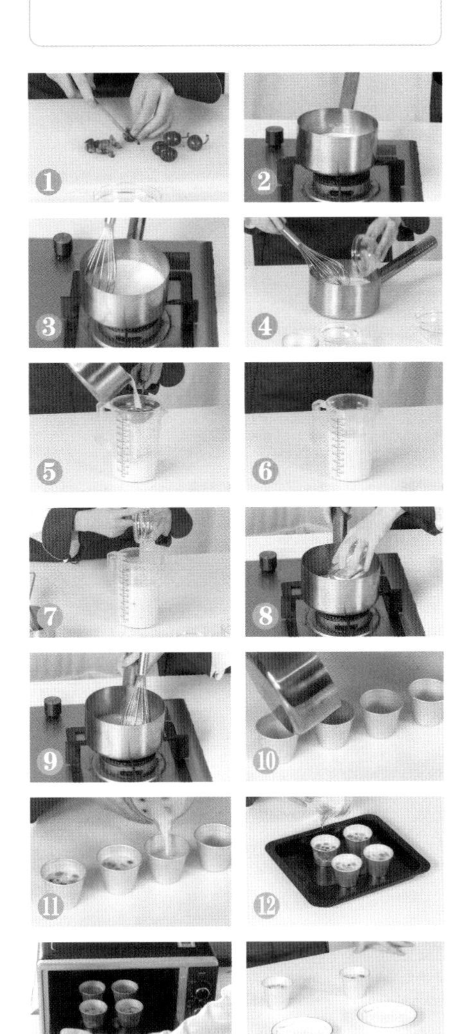

蓝莓布丁

● 参考分量：4个

◉ 原料 *Ingredients* •

全蛋3个，蛋黄2个，牛奶450毫升，细砂糖40克，香草粉5克，蓝莓、纯净水各适量

◉ 工具 *Tools* •

筛网、搅拌器、量杯、奶锅各1个，布丁模具4个，烤箱1台

◉ 做法 *Directions* •

1. 奶锅置火上，倒入细砂糖和牛奶，拌匀。
2. 再撒上香草粉，拌匀，略煮片刻，至糖分完全溶化。
3. 关火后倒入全蛋和蛋黄，拌匀待凉。
4. 将放凉的材料用筛网过滤两次，制成蛋奶液，放入量杯待用。
5. 取备好的布丁模具，放在烤盘中摆放整齐。
6. 注入适量的蛋奶液，至六七分满，依次撒上蓝莓。
7. 再向烤盘中注入适量纯净水，至水位淹没容器的底座。
8. 烤箱预热5分钟后放入烤盘。
9. 关好烤箱门，以上火180℃、下火160℃的温度烤20分钟，至食材熟透，断电后取出烤盘即可。

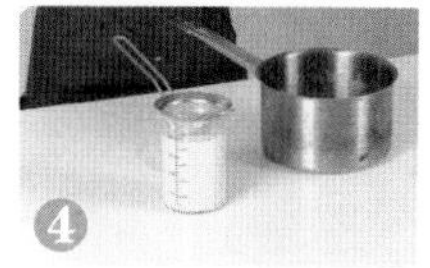

草莓牛奶布丁

参考分量：4个

◉ 原料 *Ingredients*

牛奶500毫升，细砂糖40克，香草粉10克，蛋黄2个，全蛋3个，草莓粒20克，纯净水适量

◉ 工具 *Tools*

量杯、搅拌器、锅、筛网各1个，牛奶杯4个，烤箱1台

◉ 做法 *Directions*

1. 将锅置于火上，倒入牛奶，用小火煮热。
2. 加入细砂糖和香草粉，改大火，搅拌均匀，关火后放凉。
3. 将全蛋和蛋黄倒入容器中，用搅拌器拌匀。
4. 把放凉的牛奶慢慢倒入蛋液中，一边倒一边搅拌。
5. 将拌好的材料用筛网过筛至量杯中两次。
6. 将材料先倒入量杯中，再倒入牛奶杯，至八分满。
7. 将牛奶杯放入烤盘中，在烤盘中倒入适量纯净水。
8. 将烤盘放入烤箱，以上、下火均为160℃烤15分钟至熟后取出，再放上草莓粒即可。

双层布丁

参考分量：2个

◉ 原料 *Ingredients* •

牛奶300克，细砂糖40克，吉利丁片6片，淡奶油50克，蔓越莓酱、纯净水适量

◉ 工具 *Tools* •

搅拌器、玻璃碗、玻璃杯、奶锅各1个，冰箱1台

◉ 做法 *Directions* •

1. 把3片吉利丁片放到装有纯净水的玻璃碗中浸泡。
2. 把一半牛奶、一半细砂糖倒入奶锅中，开小火，拌匀至细砂糖溶化。
3. 将泡好的吉利丁片放入奶锅，搅拌至溶化。
4. 加入一半淡奶油，放入蔓越莓酱，拌匀关火后待用。
5. 将拌好的材料倒进备好的玻璃杯中，放入冰箱中冷藏半小时。
6. 把另外3片吉利丁片放到装有纯净水的玻璃碗中浸泡。
7. 把另一半牛奶、细砂糖放入奶锅煮溶，放入3片吉利丁片和另一半淡奶油煮匀。
8. 将拌好的食材倒入第一层布丁上方，放入冰箱冷藏半个小时后取出即可。

芒果布丁

参考分量：2个

◉ 原料 *Ingredients* •

牛奶250毫升，芒果肉30克，芒果布丁粉45克，吉利丁片4片，纯净水适量

◉ 工具 *Tools* •

搅拌器、玻璃碗、奶锅各1个，模具3个，冰箱1台

◉ 做法 *Directions* •

1. 将吉利丁片放入装入纯净水的玻璃碗中浸泡片刻。
2. 奶锅置于灶上，倒入牛奶搅拌均匀。
3. 倒入芒果肉，开小火加热，煮至果肉溶化。
4. 再倒入芒果布丁粉，匀速搅拌，使其溶化。
5. 将泡软的吉利丁片捞出，沥干水分，放入奶锅中，搅拌均匀。
6. 将煮好的材料倒入模具中晾凉。
7. 再放入冰箱冷藏1小时使其完全凝固。
8. 1小时后将布丁拿出扣入盘中脱模即可食用。

制作要点 *Tips*

煮芒果的时候可以多搅拌片刻，这样能更好地将果肉煮成果泥。

鸡蛋布丁

参考分量：3个

◉ 原料 *Ingredients* •

牛奶50毫升，蛋黄50克，纯净水250毫升，吉利丁片4片，细砂糖80克

◉ 工具 *Tools* •

搅拌器、奶锅各1个，模具2个，冰箱1台

◉ 做法 *Directions* •

1. 将吉利丁片放入装了纯净水的容器中浸泡片刻。
2. 奶锅置于灶上，倒入纯净水、牛奶，开小火加热。
3. 再倒入细砂糖，匀速搅拌使细砂糖溶化。
4. 将泡软的吉利丁片捞出，沥干水分，放入奶锅中，搅拌均匀。
5. 关火，加入备好的蛋黄，搅拌均匀。
6. 将煮好的材料倒入模具中放凉。
7. 再放入冰箱冷藏1小时使其完全凝固。
8. 1小时后，将布丁拿出，即可食用。

香橙乳酪布丁

●参考分量：1个

◉ 原料 *Ingredients* •

细砂糖50克，牛奶250毫升，吉利丁片3片，香橙果片适量，淡奶油250克

◉ 工具 *Tools* •

搅拌器、杯子、玻璃碗、奶锅各1个，冰箱1台

◉ 做法 *Directions* •

1. 把吉利丁片放到装有纯净水的玻璃碗中浸泡。
2. 将牛奶倒入奶锅中，加入细砂糖，开小火，慢慢搅拌至细砂糖溶化。
3. 将泡好的吉利丁片放入奶锅，搅拌至溶化。
4. 加入淡奶油，搅拌均匀。
5. 放入香橙果片，稍稍加热拌匀后关火。
6. 备一个杯子，倒入拌好的材料。
7. 待凉之后放入冰箱冷藏半个小时。
8. 取出即可食用。

制作要点 *Tips*

香橙果片的加热时间不要过长，不然会失去其鲜甜口感。

意大利乳酪布丁

● 参考分量：1个

◉ 原料 *Ingredients* •

细砂糖55克，牛奶250毫升，吉利丁片3片，淡奶油250克，朗姆酒5毫升，纯净水适量

◉ 工具 *Tools* •

搅拌器、奶锅、模具杯各1个，冰箱1台

◉ 做法 *Directions* •

1. 吉利丁片放进装有纯净水的容器中浸泡。
2. 把牛奶和细砂糖倒进奶锅中。
3. 开小火，拌匀至细砂糖溶化。
4. 加入已经泡好的吉利丁片，搅拌至溶化。
5. 再倒入淡奶油和朗姆酒。
6. 搅拌至溶化后关火。
7. 备好模具杯，倒入搅拌好的材料。
8. 待凉后放进冰箱冷藏半个小时，取出即可。

牛奶香草果冻

●参考分量：3个

◉ 原料 *Ingredients* •

牛奶250毫升，果冻粉10克，细砂糖50克，香草粉5克

◉ 工具 *Tools* •

奶锅、勺子、模具各1个，冰箱1台

◉ 做法 *Directions* •

1. 将牛奶倒入奶锅中，开火加热煮至沸腾。
2. 加入香草粉，用勺子快速搅拌均匀。
3. 再加入细砂糖，搅至溶化。
4. 倒入备好的果冻粉。
5. 搅拌均匀，转大火稍煮至沸。
6. 煮好后倒入模具中，倒至八分满。
7. 放凉后放入冰箱冷藏30分钟使其凝固。
8. 从冰箱取出果冻即可。

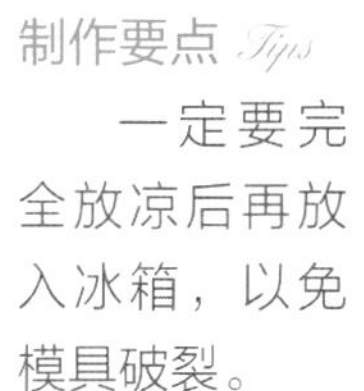

制作要点 *Tips*

一定要完全放凉后再放入冰箱，以免模具破裂。

巧克力果冻

参考分量：4个

◉ 原料 *Ingredients* •

纯净水250毫升，可可粉10克，细砂糖50克，果冻粉10克

◉ 工具 *Tools* •

锅、勺子各1个，模具2个，冰箱1台

◉ 做法 *Directions* •

1. 锅置于灶上，倒入纯净水，大火烧开。
2. 加入可可粉，转小火煮至溶化。
3. 倒入备好的细砂糖和果冻粉。
4. 用勺子持续搅拌片刻，使其均匀。
5. 关火，将煮好的食材倒入模具中，至八分满。
6. 放凉后放入冰箱冷藏30分钟，使其凝固。
7. 从冰箱取出果冻即可食用。